PCIT 아이주도놀이

PCIT 아이 주도 놀이

3~7세 건강한 우리 아이를 위한
엄마표 놀이치료

김진미 지음

산지
SANJI

프.롤.로.그

사람들은 저마다의 방식으로 소통합니다. 성격대로, 기질대로, 부모에게 물려받은 방식대로 사람을 대합니다. 그렇게 패턴화된 상호작용 방법은 의식하지 못하는 가운데 상대에게 영향을 끼칩니다. 부모의 영향을 많이 받는 자녀들, 특히 유아기의 아동들에게는 절대적입니다.

부모의 사랑이 전달되지 않는 상호작용, 자존감을 떨어뜨리는 상호작용이 아동의 문제 행동의 원인이 됩니다.

엄격하고 지시적인 상호작용은 아이를 위축시키고 불안과 두려움을 갖게 합니다. 아이는 낯선 곳에 가기를 꺼리고, 새로운 일에 도전하기를 주저합니다. 일상에서도 소극적인 태도를 보입니다. 때로 억압된 분노로 공격성을 드러내기도 합니다.

지나치게 허용적인 상호작용은 아이를 정서적으로 불안정하게 합니다. 제멋대로 굴어도 된다고 가르치는 것과 같습니다.

아이는 감정을 조절하고 절제하는데 실패합니다. 주변을 돌아볼 줄 모르게 됩니다. 또래 관계에서 어려움을 겪게 됩니다.

부모의 상호작용 방법에 따라 지금 아이의 성격이 형성됩니다. 적절하지 않은 상호작용은 아이의 정서에 부정적인 영향을 미쳐 신체적 정서적으로 문제 행동을 유발합니다. 반면 올바른 상호작용을 할 때 아이는 행복해집니다. 자존감이 높아지고, 주도성, 자율성, 사회성이 좋아집니다.

PCIT는 부모가 자녀를 대하는 상호작용의 방식을 수정하는 프로그램입니다. 올바른 상호작용을 통해 부모와 자녀 간에 따뜻하고 친밀한 관계가 형성됩니다. 부모의 사랑이 아이에게 온전히 전달됩니다. 결국 아이의 문제 행동이 사라지게 됩니다.

2019년에 PCIT 치료사 자격을 취득했습니다. 부모교육과 상담을 하던 저에게 PCIT는 단비와 같았습니다. 두 가지 면에서 저의 갈증을 시원하게 해결해주었기 때문입니다.

첫째는, PCIT가 자녀 양육의 가장 기본적인 두 가지 원리를 담고 있다는 것입니다.

오랫동안 부모교육을 해온 필자는 '애착과 훈육'이 자녀 양육의 큰 기둥이라고 늘 강조해왔습니다. 이 두 가지 원리를 올바르게 적용한다면 나머지는 모두 곁가지에 불과합니다.

부모가 자녀와 안정애착을 형성하고 일관된 훈육을 하면 아이들은 정서적으로 행복합니다.

문제는 이 두 가지를 반대로 하는 경우입니다. 사랑을 충분히 주지 못해 애착이 흔들리는데 화내고 소리지르는 잘못된 훈육으로 아이의 정서를 황폐하게 만듭니다. 그 결과로 발생하는 아이의 문제 행동에 엄마들은 당황합니다.

"아이가 자꾸 물고, 친구를 때려요."

"손가락을 심하게 빨아요."

"한번 떼쓰기 시작하면 1시간이 넘어요."

이러한 문제 행동의 근원은 모두 애착과 훈육에 있습니다. 잘못된 애착과 훈육을 바로잡으면 곁가지로 드러난 행동들은 모두 사라집니다.

PCIT는 가장 중요한 그 두 가지 원리를 교육하고 코칭하는 프로그램이라는 점이 매력적이었습니다.

둘째는, 실제적인 코칭이라는 점입니다.

부모교육 강의를 하면서 아쉬운 점이 있었습니다.

강의를 듣는 엄마들은 항상 고개를 끄덕이며 공감하고 결심도 합니다. 돌아가서 좋은 엄마가 되겠다고. 그러나 결심대로 되기는 참 어렵습니다. 왜냐하면 엄마들은 강의를 통해 이론을 배웠을 뿐, 어떻게 해야 하는지 구체적인 방법을 배우지는 못했기 때문입니다.

나름대로 실제적인 방법을 넣어서 강의했지만 머리로만 아는 지식은 습관을 바꾸지 못하기에 실제적인 변화는 일어나지 않았습니다.

습관을 바꿔야 삶이 바뀝니다. 아무리 훌륭한 이론도 내 삶에 적용되지 않으면 아무런 힘이 없습니다. PCIT는 바로 그 문제를 해결해주었습니다.

아이와의 놀이에서 질문을 하지 말라고 교육합니다. 그 이유에 대해 엄마들도 납득을 했건만 실제로 입에서 질문을 없애기까지는 몇 주가 걸립니다. '아차, 또 질문했네'를 수십 번 알아차린 후에야 서서히 사라집니다. 이미 내 몸에 익숙해져 있기 때문에 입에서 술술 나오는 것입니다.

머리로 배운 지식을 연습하고 코칭 받으면 내 것이 됩니다. 어떻게 상호작용해 줄 때 아이가 사랑받는다고 느끼는지 알게 됩니다. PCIT는 '어떻게'를 가르쳐서 부모가 실제 아이와의 관계에서 사용할 수 있다는 것이 매력적이었습니다.

양육의 핵심 원리를 적용했으니 마법 같은 변화가 나타나는 것은 오히려 당연합니다. 놀이에서 엄마의 상호작용만 바꿨을 뿐인데 아이들은 바로 반응을 보입니다. 표정이 밝아지고, 말이 많아지고, 엄마와의 놀이를 즐거워합니다. 떼쓰는 일이 적어지고, 엄마의 말에 잘 따릅니다.

이 책에 소개된 내용은 PCIT의 일부인 아이주도 상호작용에 관한 것들입니다. 훈육(부모주도 상호작용)도 중요하지만 더 중요한 것은 애착(아이주도 상호작용)입니다. 애착이 잘 형성되지 않으면 훈육은 더 큰 분노와 반발심을 불러일으킬 뿐입니다. 아이를 더 위축시킵니다.

반면 애착이 잘 형성되면 훈육은 쉽습니다. 많은 가정들은 훈육이 크게 필요치 않을 수도 있습니다. 부모와 자녀의 관계가 좋아지면 아이들은 부모에게 협조하고 싶어지기 때문에 부모의 말을 잘 따릅니다.

따라서 이 책에 소개된 아이주도놀이를 익히고 적용하면 충분히 도움이 되리라 생각합니다.

PCIT에 관한 책이지만 모든 내용이 PCIT의 원리를 그대로 설명하고 있지는 않습니다. 일부는 변형되었고, 임상의 과정에서 경험된 필자만의 양육 원리들이 소개되어 있습니다.

PCIT의 매력에 빠져 많은 아이들을 만났습니다. 달라진 아이들을 보는 것이 저에게는 가장 큰 기쁨입니다. 해처럼 밝아진 아이들의 표정을 보는 것이 너무나 행복합니다.

이 책은 그 과정에서 만난 아이들을 떠올리며 썼습니다. 엄마는 양육이 쉽고 즐거워지고 아이는 행복해지기를 소망하는 마음으로 중요한 양육의 원리를 소개하고 싶었습니다. 전문가의 도움을 받지 않아도 이 책을 통해 엄마가 양육의 기법을 배워서 적용할 수 있기를 바라는 마음입니다.

더 많은 사례와 못다한 이야기는
블로그(http://blog.naver.com/bigpicturefamily)에 계속 업데이트
하고 있으니 방문하시면 도움 얻으실 수 있습니다.

저자 김진미

*사례로 언급된 아이들의 이름은 가명이며, 일부 사례는 이해를 돕기 위해 창작되었습니다.
*설명을 돕는 사례의 남자 아동은 '달이'로, 여자 아동은 '별이'로 표현하였습니다.

PCIT 궁금해요

PCIT란?

PCIT(Parent-Child Interacrion Therapy)는 부모 자녀 상호작용 치료법입니다. 부모에게 자녀와의 올바른 상호작용 방법을 교육하고, 놀이 현장에서 코칭합니다. 부모와 자녀가 친밀한 관계를 형성하게 되며 아동의 문제 행동은 줄어듭니다.
PCIT는 아동의 심각한 행동 문제를 다루기 위해 미국의 임상심리학자인 Sheila M. Eyberg 교수에 의해 개발되었습니다.
최근에는 문제 행동을 보이는 아동뿐 아니라 일관적인 양육의 원리와 기법을 배우고자 하는 부모들에게 소개되고, 그 효과가 입증되고 있습니다.
PCIT를 통해 부모는 긍정적이고 지지적인 상호작용을 하게 됩니다. 이 과정에서 자녀는 부모와 친밀한 관계가 형성되고 정서가 안정됩니다. 부모와 안정적인 애착을 형성하게 됩니다.
또한 부모는 자녀의 행동에 감정적으로 대처하지 않고 일관되게 훈육하는 방법을 알게 됩니다. 자녀는 부모의 지시에 잘 따르고 책임감 있게 행동하게 됩니다.

코칭 방법

부모와 아이가 놀이룸에서 상호작용하는 과정을 치료사가 현장에서 코칭합니다. 치료사가 일방경으로 관찰하면서 코칭하는 동안 부모는 이어폰을 귀에 꽂고 치료사의 코칭을 듣습니다. 부모는 순간순간 아이의 행동에 어떻게 반응하고 대응해야 하는지 기술을 배우고 연습하게 됩니다.

코칭 세션의 구성

애착 형성 단계(대략 10주~12주)

먼저 아이와의 따뜻한 관계를 형성하는 기간입니다. 아이는 부모로 인해 마음의 안정감을 얻어야 합니다. 한결같이 지지해주고 사랑해주는 부모 때문에 안전하다는 느낌을 가져야 하고, 세상에 나가 도전할 수 있다는 자신감을 얻어야 합니다. 부모는 이 기간 동안 아이주도 상호작용(CDI: Child Directed Interaction)을 배우고 사용하게 됩니다. 아이주도놀이를 하면서 기술들을 적용합니다.

✱ 아이주도놀이의 효과

-안전감, 안정감, 부모와의 안정애착을 이룹니다.

-주의집중 시간이 길어집니다.

-자존감이 높아집니다.

-주도성, 자율성이 높아집니다.

-또래 관계, 사회성이 좋아집니다.

-짜증, 징징거림 등 관심을 받고자 하는 부정 행동이 줄어듭니다.

-부모의 양육 스트레스가 줄고, 양육효능감이 올라갑니다.

훈육의 단계(대략 4주~6주)

애착이 잘 형성되면 아이들은 부모의 말에 협조하고 싶어합니다. 그럼에도 여전히 갈등 상황은 만들어지게 마련입니다. 부모가 감정적으로 대응하지 않도록, 조용하고 일관된 훈육의 기법을 익히는 단계입니다.

부모는 이 기간 동안 부모주도 상호작용(PDI: Parent Directed Interaction)을 배우고 사용하게 됩니다. 먼저 놀이 중에서 훈육의 기법을 연습하고, 추후 일상으로 확대합니다.

자녀는 부모의 지시에 순종하는 법을 배웁니다. 가정규칙을 따르고, 공공장소에서 적절한 행동을 하도록 훈련받게 됩니다.

✶ 부모주도놀이의 효과

-공격행동이 줄어듭니다.

-남에게 피해를 주는 방해 행동이 줄어듭니다.

-방어적인 행동이 줄어듭니다.

-어른의 지시에 잘 따르게 됩니다.

-가정의 규칙을 따르고 존중하게 됩니다.

-공공장소에서 적절한 행동을 하게 됩니다.

-부모는 훈육하는 동안 평정을 유지할 수 있고, 양육효능감이 올라갑니다.

적용 대상

1) 걸음마기(12-24개월) 아동을 위한 PCIT (PCIT-Toddler)

걸음마기 아동의 감정 표현은 유아기와는 다르게 접근해야 합니다. 이 시기 아이들의 분노나 짜증 등의 정서 표현은 의도적인 반항이라기보다는 정서 조절의 어려움으로 이해해야 합니다. 따라서 감정을 다루는 접근법도 달라야 합니다. 양육자가 아동의 신호에 민감하게 반응하고 조율하여 정서를 잘 조절할 수 있도록 돕는 법을 코칭합니다.

2) 유아기(2-7세) 아동을 위한 PCIT

유아기 PCIT는 부모가 올바른 상호작용 기법으로 소통하여 자녀의 안정적인 애착 형성을 돕고 이를 기반으로 자녀의 부적절한 행동을 일관성 있게 훈육하도록 코칭합니다. 애착과 훈육은 균형 잡힌 양육의 두 기둥입니다. 이 두 기둥을 잘 세워놓으면 아이들은 안정되게 성장합니다. PCIT를 통해 올바른 양육의 기술을 코칭합니다.

3) 학령기(7-10세) 아동을 위한 PCIT

학령기 아동은 유아기 아동과 달리 정형화된 부모의 대화 기법을 불편하게 여길 수 있습니다. 따라서 표준 PCIT 대화 기법을 변형한 형태로 상호작용을 하게 됩니다. 아동의 정신적 연령이나 심리 상태 및 신체적 발육 상태 등을 고려하여 적절한 단계의 PCIT를 유동적으로 적용할 수 있습니다.

매일 5분 숙제, 특별놀이

PCIT 코칭 기간 동안 부모는 가정에서 매일 5분씩 아이와 놀이를 하게 됩니다. 우리는 이것을 '특별놀이'라고 말합니다.

하루 5분인 이유는 두 가지입니다. 부모의 측면에서, 5분은 쉽습니다. 시간이 없는 부모도 5분은 할 수 있습니다. 긴 시간 놀아주는 것보다 더 중요한 것은 매일 지속적으로 놀아주는 것입니다. 아이는 이 시간을 통해 부모가 자신에게 관심이 있으며 사랑받는 느낌을 갖게 됩니다.

아동의 측면에서, 5분은 짧지 않습니다. 아이주도놀이 기법으로 상호작용할 때 부모의 사랑을 느끼기에 충분합니다. 아이주도놀이는 부모의 특별한 관심과 애정을 전달하기 때문입니다.

하루 5분, 특별놀이 숙제는 매우 중요합니다. 숙제 이행 여부에 따라 변화의 속도가 달라집니다.

목차

Chapter 1

애착이 이루어지면 행복한 아이가 된다

Chapter 2

아이주도놀이 엄마표 놀이 기법

Chapter 3

건강한 사회정서 기술을 배우는 아이주도놀이 상호작용

Chapter 4

PCIT 아이주도놀이로 달라지는 아이들

Chapter 1

애착이 이루어지면 행복한 아이가 된다

애착은 유아기에 먹여야 할 보약

식물을 건강하게 키우는 일이 저는 참 어렵습니다. 신경 써서 물을 주는데 웬일인지 어떤 식물은 잎이 생생하고 촉촉한데 어떤 식물은 끝이 타들어 갑니다. 겉의 잎을 닦아주고 관리해주어도 소용이 없어요.

건강하고 생기있는 초록의 잎을 보려면 물과 영양을 흡수하는 뿌리를 관리해줘야 합니다. 하지만 그 뿌리는 도대체 눈에 보이지 않으니 상태가 어떤지 알 수가 없습니다.

코칭을 받은 후 어떤 아이가 되기를 바라는지 물었을 때 엄마들은 대답합니다.

"자존감이 높은 아이요."

"관계를 잘 맺는 아이요."

"성격이 좋아야죠."

"자기 일을 알아서 잘하는 아이요."

"공부도 좀 잘했으면 좋겠어요."

엄마들이 바라는 아이의 모습들은 사실 식물의 잎사귀입니다. 이 잎사귀가 엄마들의 바람대로 푸르고 싱싱하게 자라려면 뿌리에 물과 영양분을 주어야 하는 것이지요.

뿌리는 무엇일까요?

바로 아이의 행복입니다. 뿌리에 물과 영양분을 듬뿍 주어 행복한 아이가 되면 잎사귀들은 저절로 푸르고 건강하게 뻗어갑니다.

아이가 행복감을 느끼면 어떠한 변화가 일어날까요?

자기 자신이 괜찮은 사람으로 여겨지기 때문에 자존감이 올라갑니다. 내 안에 사랑받는 감정이 충만하니 다른 사람을 대할 때도 관대해지겠죠. 그러면 어떤 관계든지 잘 맺는 아이가 됩니다. 여유가 넘치니 성격도 좋아집니다. 자율적이고 주도적으로 하고 싶은 일을 하게 됩니다. 사랑받고 싶어서 감정 에너지를 낭비하지 않아도 되므로 공부도 잘하게 됩니다.

행복한 아이가 되면 엄마들이 바라는 모습은 저절로 만들어지는 것입니다. 그러니까 엄마들은 우리 아이를 행복하게 해주면 되는 것이지요.

여기에 몇 가지 어려운 점이 있습니다.

첫째, 행복은 추상적입니다.

눈에 잘 보이지 않습니다. 흙 속에 감춰진 뿌리처럼 우리 아이가 행복한지 아닌지 제대로 알 수 없습니다. 눈에 보이는 행동이 더 중요하게 여겨져 행복의 중요성을 미처 깨닫지 못하기도 합니다.

둘째, 어떻게 해야 아이가 행복해지는지를 알지 못합니다.

어른의 행복은 다양한 조건이 충족되었을 때 다가옵니다. 성공과 성취를 이루었을 때, 원하고 바라던 물건을 구입했을 때, 명예를 얻었을 때, 부자가 되었을 때, 가정이 평화로울 때 등등.

그러나 아이의 행복은 매우 심플합니다.

엄마 아빠의 사랑을 느낄 때 아이는 행복합니다. 초등학생이 되고, 청소년이 되면 더 많은 요건들이 필요할 수도 있겠지요. 엄마 아빠가 주는 영향력 외에 또래 관계나 학교생활 등 외부적인 요인이 많이 작용하니까요. 그러나 유아기 아이는 엄마 아빠의 영향력이 절대적입니다. 엄마 아빠가 예뻐하고 인정해주며 칭찬해 줄 때 아이는 행복합니다. 즉, 엄마 아빠가 자신을 사랑한다고 느끼고 그 안에서 안전감을 느낄 때 아이는 행복합니다.

행복이 추상적인 용어라면, 유아기 행복을 설명하는 구체적인 용어는 애착입니다.

애착은 양육자와 아이 사이에 이루어진 관계의 패턴을 이르는 용어입니다. 아이가 양육자의 적절한 돌봄을 받고 신뢰를 형성하면 안정애착을 이루게 됩니다. 안정애착을 이루면 아이는 부모가 자신을 사랑한다는 확신을 가지게 됩니다. 당연히 정서적으로 안정되고 행복감을 느낍니다.

그러므로 안정애착은 7세 이전 영유아기의 아이들에게 먹여야 할 최고의 보약입니다.

보약은 어려서 먹여야 평생 효과를 본다고 합니다. 저의 아들은 영유아기에 몸이 약했습니다. 찬바람이 불기 시작하면 감기를 달고 살았죠. 열이 펄펄 끓어 한밤중에 응급실로 뛰어가기도 했지요. 아이에게 맞는 보약을 해마다 세 번 먹였는데, 그 후로는 크게 아프지 않고 잘 자랐습니다. 몸을 건강하게 해주는 보약처럼 어린 시절 먹여야 할 정서적인 보약이 바로 안정애착인 것입니다.

단단한 몸을 가지기 위해서 코어 근육을 단련시킨다고 합니다. 안정애착이 바로 코어 근육입니다. 잎이 싱싱한 식물을 만들기 위해 뿌리에 주는 영양분도 안정애착입니다. 이렇듯 건강한 성장을 위해 안정애착이 중요합니다. 코어 근육이 길러지면 몸이 단단해지듯이, 뿌리가 튼튼해지면 식물이 건강하듯이, 안정애착이 형성되면 아이는 행복해집니다.

어린 시절 애착은 건강한 자아를 형성하는데 매우 중요한 요소입니다. 부모가 원하는 내 아이의 건강한 성장은 아이의 행복한 마음에서 시작됩니다. 안정적인 애착을 이룰 때, 비로소 아이는 행복해집니다.

아이들은 불안하다

상담실에 들어서는 5세 영준이의 눈에 긴장감이 역력합니다. 낯선 환경에 대한 호기심보다 불안과 두려움이 담긴 눈빛입니다.

화장실이 어디 있는지 먼저 물어봅니다. 화장실 문을 열고 두리번거리며 한참을 살핍니다.

화장실에 가고 싶은 것이 아닙니다. 화장실에 아무것도 없다는 것을 확인하고 싶은 것입니다.

"세탁기는 어디 있어요?"

영준이의 물음에 엄마가 귀뜸해 줍니다. 영준이는 아침에 눈을 뜨면 세탁실로 갑니다. 세탁기가 돌아가는 내내 그 앞에 의자를 놓고 앉아 있는다고 합니다. 여기는 세탁기가 없다고 말해주자 이곳저곳 두리번거리며 살펴봅니다. 냉장고도 열어보고 커튼도 열어보고 상담실 구석구석을 살핍니다. 안전한 곳인지 탐색하는 중입니다.

드디어 안심하고 엄마와 놀이 시작. 그러나 놀이에 집중을 하지 못합니다. 밖에서 사이렌 소리가 나자 아이가 바짝 긴장합니다. 눈이 동그래져 소리에 신경을 씁니다. 밖에서 지나가는 소방차 소리라고 설명했지만 아이의 시선은 한동안 멈춰 있습니다.

한창 놀이가 즐거울 5세. 아이는 왜 놀이에 집중하지 못하는 걸까요. 불안이 높기 때문입니다. 영준이의 눈에 비친 세상은 두렵고 불안합니다. 세탁기의 소리, 팬이 돌아가는 소리, 사이렌 소리가 두렵습니다.

3세 유진이는 자꾸 무는 버릇 때문에 센터에 왔습니다. 엄마도 물고, 어린이집 친구들도 물고, 기분이 나빠도 물고, 좋아서 흥분해도 뭅니다. 유진이 엄마는 워킹맘입니다. 유진이의 어린이집 생활이 꼭 필요합니다. 그런데 자꾸 친구들을 무니 어린이집 생활이 어려워지고 있었던 것입니다. 선생님은 물지 않도록 가정에서 지도해달라고 하는데 방법을 모르는 엄마는 난감하기만 합니다.

3세 하진이는 끊임없이 손가락을 빱니다. 손가락을 빨지 못하게 하려고 온갖 방법을 써보았지만 소용이 없습니다. 엄지 손가락이 퉁퉁 부어 당장이라도 염증이 생길 듯 빠알갛게 변해버렸습니다.

4세 유주는 분리불안이 심한 것이 걱정입니다. 어린이집에 보내려고 할 때마다 심하게 울어댑니다. 울다가도 시간이 지나면 멈춰야 하는데 통 그치지 않습니다. 결국 어린이집에서도 포기, 다시 데려가라고 한답니다.

아이들은 불안합니다. 알지 못하는 세상이 무섭습니다. 불안을 잠재우기 위해 자기 나름대로 노력합니다. 친구를 무는 아이는 자기를 방어하는 것입니다. 손가락을 빠는 아이는 불안한 마음을 달래는 것입니다. 분리불안이 있는 아이는 엄마가 이대로 영원히 사라져버릴 것 같아서 필사적으로 울어대는 것입니다. 모두 불안에 대한 자기 나름의 방어기술인 셈입니다.

나이가 들고 보니 지난 시절 무섭고 두려웠던 일들이 별것 아닌 양 여겨집니다. 세상에 대해 그만큼 많이 알게 되면서 불안의 기준이 달라진 것입니다.

저는 개를 무서워합니다. 개의 속성을 잘 모르던 어린 시절, 언제 덤벼들지 예측할 수 없는 개의 으르렁거리는 소리가 무서웠습니다. 길에서 개를 만나면 경계하며 힐끔힐끔 쳐다보았는데 그러면 영낙없이 무섭게 짖으며 저에게 달려들곤 했습니다. 그때는 그런 행동이 개에게는 위협적으로 보여 상대를 공격하는 빌미가 된다는 걸 몰랐기에 개를 만나기만 하면 긴장하고 무서워 떨었던 것입니다. 어른이 되고 개의 속성을 알게 되면서 무서움은 사라졌지만 그런 기억 때문에 지금도 좋아하지는 않습니다.

저의 아들은 잠자리를 무서워했습니다. 잠자리의 커다란 눈이 징그럽고 무섭답니다.

비둘기가 무서워 도망가는 아이도 있습니다. 어른들은 이해하지 못합니다.

"그게 뭐가 무서워? 잠자리는 너를 물지 않아."

"비둘기는 평화의 상징이야. 너를 해치지 않아."

어른의 시각에서 쉽게 말합니다. 그러나 어른의 불안과 아이의 불안은 같지 않습니다. 세상을 더 많이 아는 어른들은 아이의 불안을 이해하지 못할 때가 많습니다.

캄캄한 밤에 랜턴도 없이 산길을 가는 장면을 떠올려 봅시다. 어두운 곳에 어떤 위험이 도사리고 있는지 알 수 없으니 불안하고 무섭습니다. 언제 어디서 나를 노려보던 맹수가 공격할지 모르니까요. 발을 헛디뎌 절벽 아래로 떨어질 수도 있고요.

캄캄한 산길을 가는 두려움이 바로 아이들의 불안 심리라고 이해하면 됩니다. 아이들에게 세상은 캄캄한 산길과도 같습니다. 알지도 못하고 경험한 적도 없는 세상이 두려울 수밖에 없습니다.

그 무서운 세상에서 붙잡을 것은 엄마밖에 없습니다. 자기를 돌봐주는 양육자에게 붙어 있어야 살 수 있다는 것을 아이들은 본능적으로 압니다.

엄마는 캄캄한 산길에서 비춰주는 랜턴의 불빛입니다. 랜턴의 불빛이 약하면 보이는 것도 희미할 겁니다. 겨우 한 발을 디딜 만큼만 보일 수도 있어요. 아이의 마음은 더욱 불안할 것입니다.

랜턴의 불빛이 약하다는 건, 엄마가 아이를 안심시켜주는 상호작용을 하고 있지 못하다는 의미입니다. 엄마가 아이에게 보여주고 알려주는 영역이 작으니 아이는 무섭고 불안합니다. 요구에 반응해주지 않거나 늦게 반응해주고, 잘했다는 말보다는 잘못했다고 호통치는 일이 더 많고, 실수와 실패를 비난하는 등의 부정적인 반응을 보일 때, 엄마의 불빛은 희미해지고 꺼져가고 있는 것입니다. 어떻게 행동해야 하는지 배우지 못하는 아이의 세상은 점점 캄캄해집니다. 시간이 지나도 여전히 무섭고 불안합니다.

아이는 스스로 무섭고 불안한 마음을 이겨내려고 합니다. 그 시도는 왜곡된 행동으로 나타납니다. 친구를 때리거나 물고, 손가락을 빨거나 손톱을 물어뜯고, 울고 떼쓰고 짜증내는 등의 행동들이 모두 그 결과물들인 것입니다.

반대로 엄마의 불빛이 강력하면 어떨까요. 아이들은 안심하고 길을 갈 수 있습니다. 주변이 캄캄해서 무섭다면 엄마의 불빛으로 비춰서 주변을 살펴보면 됩니다. 엄마의 불빛이 강하고 밝다면 훨씬 먼 곳까지 환하게 비춰질 수 있으니 아이의 마음은 훨씬 편안할 겁니다.

엄마의 인정과 수용, 사랑과 존중의 말들이 아이를 안심시킵니다. 무섭지만 엄마가 응원하고 힘을 주면 아이는 불안하지 않습니다. 엄마의 불빛을 비추며 성큼성큼 앞으로 가게 될 겁니다. 하고 싶은 일을 두려움 없이 해내며 살 수 있게 됩니다. 이것이 엄마의 강력한 랜턴입니다. 밝은 빛을 비추는 엄마의 상호작용인 것입니다.

모든 아이는 두렵습니다. 어른에 비해 모르는 것이 너무 많고, 혼자 할 수 있는 일도 적고, 힘도 없기 때문입니다. 그래서 마음이 불안합니다.

부모는 아이들의 불안을 이해해야 합니다. 잘 모르고, 잘 못하는 아이들이 무서워하는 것은 당연합니다. 뭐가 무섭냐고, 너 혼자 해보라고, 무서워하고 주저하는 아이를 윽박지르는 말을 하면 안 됩니다. 아이를 더 불안하게 합니다.

어른의 시각이 아닌, 아이의 입장에서 마음을 읽어주며 조심스럽게 상호작용할 때 아이는 서서히 안심하게 됩니다.

애착은 왜 중요한가?

애착은 무엇일까요?

왜 애착이 아이들의 성격과 정서에 크나큰 영향을 미칠까요?

심리학자 콜비 피어스는 《애착장애의 이해와 치료》라는 책에서 '애착은 아동이 주 양육자에게 보이는 의존적 관계를 기술하기 위해 사용하는 용어'라고 정의했습니다.

애착 이론의 창시자는 존 볼비입니다. 그는 여러 실험을 통해 애착 이론을 확립, 발전시켰습니다. 그는 '아동기에 경험한 부모와의 분리와 상실이 성장하면서 다양한 문제 행동을 일으키는 근본적인 원인이 된다'고 말했습니다. 그리고 '이러한 문제 행동은 고통스런 현실을 버텨내기 위한 아이들의 생존을 위한 몸부림'이라고 설명했습니다.

이어서 볼비는 이렇게 말했습니다.

"아동기의 상실과 분리는 트라우마가 되어 심각한 상처를 남긴다. 하지만 그보다는 매일 일어나는 부모와의 상호작용이 아이들의 심리적 발달에 매우 중요한 역할을 한다."

갑작스런 상실과 분리의 사건이 아이들에게 상처를 주지만 더 큰 상처는 일상의 상호작용에서 주는 상실과 분리라는 말입니다. 예를 들어, 갑작스런 부모의 이혼이나 죽음으로 인한 상실과 분리는 아이에게 상처로 남습니다. 그 결과 아이는 말이 없어지거나 불안하고 위축되는 등의 모습을 보일 수 있습니다.

그러나 이러한 한 번의 사건보다 더 큰 상처를 주는 것은 매일 잘못된 방법으로 상호작용하는 것이라는 말입니다. 아이가 울어도 반응하지 않는 부모, 기분에 따라 아이를 대하는 부모, 아이를 방치하거나 학대하는 부모들은 잘못된 방법으로 상호작용하는 것입니다. 아이는 불안정한 애착을 형성하게 됩니다. 성장하는 동안 지속적으로 잘못된 상호작용을 하게 되면 아이는 더 큰 상처와 고통으로 신음하게 됩니다. 건강한 심리적 발달을 이루기 어렵습니다.

부모와 자녀의 매일 이루어지는 상호작용에 의해 형성되는 것이 애착입니다.

인간은 특이하게도 태어나서 가장 오랫동안 부모의 돌봄을 받아야 합니다. 동물들은 대체로 태어나자마자 걷고 뛰고, 조금 지나면 사냥도 하며 스스로 살아갑니다.

인간은 어떤가요. 1년이 지날 때까지 걷지도 못합니다. 혼자 먹지도 못하고 살아가지도 못합니다. 이처럼 아무 힘이 없는 아기로 태어나 살아가려면 전적으로 부모의 보살핌을 받아야 합니다.

생존을 위해 아기는 본능적으로 부모의 보살핌이 필요하다는 것을 압니다. 아기는 부모의 보살핌을 가장 많이 받을 수 있는 형태로 자기의 행동을 적응시킵니다. 즉 자기가 어떻게 행동할 때 부모가 더 긍정적인 관심을 보이는지 파악을 합니다. 그리고 반복적으로 그 행동을 하게 됩니다. 이것이 패턴이 되어 뇌에 새겨지게 됩니다. 이 패턴이 바로 그 사람이 가진 애착의 형태입니다.

이렇게 생존을 위해 자기의 모습을 부모의 반응 패턴에 맞추다 보니, 성격과 정서에 영향을 미치게 되는 것입니다. 내 생존을 안심하고 맡길 수 있다면, 아이의 마음은 편안하겠지요. 있는 그대로 자신의 감정과 생각을 표현하게 될 겁니다. 자신을 바라보는 부모가 긍정적인 관심을 보여주니 사랑받으려고 애쓰고 노력할 필요가 없어집니다. 자신감 있고 당당하게 있는 그대로 행동하면 됩니다.

반면 내 생존을 책임질 엄마가 사라져 버릴 것 같고, 제대로 보살펴주지도 않는다고 느낀다면 어떨까요. 아이는 불안해서 다른 데 관심을 두지 못합니다. 어떻게 하면 엄마의 관심을 끌까, 엄마의 돌봄을 받을까 하는 점에만 신경을 쓰게 되겠죠. 원래의 자기 모습을 버리고 엄마가 관심을 주는 모습으로 자신을 맞추게 됩니다.

이렇게 애착은 엄마가 어떤 형태로 아이와 상호작용하느냐에 따라 아이가 가지게 되는 감정과 태도라고 말할 수 있습니다.

엄마는 자신의 기질과 성격에 따라, 혹은 부모에게 물려받은 방법대로 아이를 양육합니다. 하지만 아이는 생존과 연관이 있으므로 본능적으로 엄마의 양육 태도에 큰 영향을 받습니다.

어린 시절 만들어진 애착의 패턴은 뇌에 새겨져서 평생 동안 그 사람의 인생을 지배하게 됩니다.

인간의 뇌는 태어날 때 25%만 작동하는 상태로 세상에 나옵니다. 그때는 먹고, 자고, 싸고 등등 생존을 위해 필요한 동물적인 기능만으로 충분하기 때문입니다. 나머지 75%는 생후 2년까지 애착 관계를 통해 성숙해갑니다. 애착 관계를 통해 모든 기능들이 활성화되는 것입니다.

어떻게 기능들이 활성화 될까요?

엄마가 아이를 보호해주고 욕구를 충족시켜주면, 아이는 안전하다고 느껴 자신의 시선을 외부로 돌립니다. 주위에 관심을 보이며 탐색을 시작합니다. 기고 걷고 말하고 놀이하면서 사회적 경험을 넓혀갑니다. 특히 놀이를 통해 인지적 발달과 신체적 발달을 이루어 갑니다. 타인과 상호작용을 하면서 사회적 발달은 물론 언어적 발달도 이룹니다. 정서를 공유하는 경험을 통해서 정서적 발달도 이루어집니다.

"아동의 행동과 정서는 양육자와 긍정적이면서도 사랑하는 관계를 유지하려는 마음에 의해 조절됩니다. 이렇게 하여 법 없이도 살 수 있고, 타인과 긍정적인 관계를 맺으며, 이다음에 자녀에게 좋은 부모가 될 수 있는 토대가 마련됩니다."

콜비 피어스의 말입니다.

다시 말해, 엄마와 관계가 좋으면 엄마를 기쁘게 하고 감정이 나빠지는 것을 피하기 위해 자신의 행동과 감정을 조절한다는 것입니다. 사회적 규칙을 지키고, 타인과 충돌하지 않으며, 격한 감정을 드러내는 행동을 하지 않게 됩니다.

이처럼 애착 관계를 통해 정서, 인지, 사회적 발달을 이루어 갑니다. 뇌의 75%를 완성시켜가는 것입니다.

안정적인 애착은 아이에게 긍정적인 자아개념을 심어주게 됩니다. 부모가 일관성 있고 민감하게 자신의 욕구를 들어주고 돌봐주는 것을 경험한 아이는 자기가 사랑스럽고 유능한 사람이라고 생각합니다. 이러한 자아개념은 평생 인생을 즐겁고 자신감 있게 살아갈 수 있는 토대가 됩니다.

안정적인 애착은 매우 중요합니다. 자녀에게 길러주고 싶은 정서적 덕목인 자신감, 도전정신, 사회성, 신뢰감, 좋은 대인관계, 호기심, 창의력 등등은 결국 부모와의 안정적인 애착 속에서 이뤄지기 때문입니다.

안정적인 애착이 아닌, 불안정애착이 형성되면 어떨까요?

당연히 안정애착의 반대 현상들이 나타납니다. 부정적인 자아개념이 심어지고, 자신을 무능한 사람, 형편없는 사람이라고 여기게 됩니다. 자신감 대신 의존적인 아이로 자라납니다. 도전을 두려워하며, 세상과 사람들을 믿지 못하는 아이가 됩니다. 당연히 대인관계, 사회성이 좋을 수 없겠죠. 호기심과 창의력을 가지는 대신 소극적이고 소심한 안전주의자가 될 수밖에 없습니다.

안정애착은 건물을 올리기 전에 다져야 할 든든한 기반 공사와 같습니다.

꽃을 피우려면 토양을 가꾸어야 하듯이, 아이의 바른 인성과 잠재 가능성을 발휘하려면 우선 부모와 안정애착부터 이뤄야 합니다.

정서적으로 건강한 아이, 밝고 여유있는 아이, 자기 생각을 당당히 펼치는 아이, 호기심이 많고 창의적인 아이, 친구들과 잘 지내며 리더십을 발휘하는 아이. 이런 아이로 성장하길 원한다면 부모와의 안정애착을 이루는 것이 그 첫 단계임을 꼭꼭!! 기억하세요.

분리가 되려면 먼저 애착이 이루어져야 한다

결혼 생활 초기에 남편과 많이 다퉜습니다. 유난히 여행과 낚시를 좋아하는 남편은 혼자 훌쩍 여행을 떠나곤 했죠. 아기가 있으니 선뜻 따라나설 수도 없고, 그런 남편이 미웠습니다. 나를 사랑하지 않는 것 같아 외롭고 쓸쓸했습니다.

그러나 시간이 흐르면서 그 서운함이 사라졌습니다. 서로에 대해 알고 소통하면서 남편이 나를 사랑한다는 확신이 들었기 때문입니다. 즉 정서적인 애착이 이루어졌던 것입니다. 신혼 초의 다툼은 남편과 안정적인 애착을 이루지 못했기에 생기는 감정들이었습니다. 공간적인 분리가 심리적인 단절, 거절로 느껴졌던 것입니다. 그래서 더 붙잡으려고 들었고, 그 방법이 비난과 공격이었던 셈입니다. 엄마의 사랑이 불안해서 매달리고 떼쓰는 아이처럼 불안정한 애착이었던 겁니다.

정서적인 애착이 잘 형성되고 나니, 가끔씩 떠나는 남편을

서운함 없이 보내줄 수 있었습니다. 집착과 의존이 아닌 건강한 분리가 이루어질 수 있었던 것입니다.

부부 관계를 애착으로 설명할 수 있을까요?

있습니다. 부부간에도 안정애착을 형성하는 것은 중요합니다. 결혼은 새로운 애착 지도를 형성할 수 있는 좋은 기회니까요. 신혼은 그것이 형성되지 못한 시기이므로 충돌이 많을 수 있습니다. 성장기에 형성한 서로 다른 애착의 유형이 충돌하는 것이라고도 말할 수 있겠죠. 그러나 이 시기에 새롭게 안정적인 애착을 형성하면 신뢰 있는 부부 관계가 될 수 있습니다.

최초의 애착은 생후 6개월경부터 4세까지 점진적으로 발달합니다.

유아기의 애착이 네비게이션이 되어 우리의 가는 길을 제시해줍니다. 사람과의 관계를 맺을 때도, 세상을 바라볼 때도 어떤 애착의 유형을 가지고 있느냐에 따라 다른 시각을 가지게 됩니다.

그럼 한 번 고착된 애착 유형은 절대로 바뀌지 않을까요?

그렇지는 않습니다. 네비게이션도 업데이트를 하면 새로운 경로를 말해줍니다. 우리의 애착 지도 역시 업데이트를 하면 됩니다. 어린 시절 불안정애착을 형성했지만 안정애착을 가진 배우자를 만나면 달라지기도 합니다. 부모가 안정적인 애착을 주지 못했다면 인생에서 자신을 지지해주는 누군가, 친구이거나 스승이거나 상담사를 만나 안정적인 애착을 형성하기도 합니다. 물론 쉽지는 않습니다. 어린 시절 부모의 영향력은 그만큼 강력하기 때문이지요.

안정애착을 이루어야 하는 이유는 필자의 사례처럼 건강한 분리를 위해서입니다. 마음이 안심하지 못하면 몸이 밖으로 나가지를 못합니다. 제가 남편의 사랑이 의심스러우니까 말마다 꼬투리를 잡고 나를 떠나는 걸 불안해했듯이 말입니다.

아이는 엄마에게 힘을 얻어서 세상으로 나가야 합니다. 나의 생존에는 문제가 없구나 하고 안심이 된 이후에야 밖에 있는 모든 것에 관심을 가지고 도전할 마음이 생깁니다. 궁금한 것도 살펴보고, 친구도 만나고, 새로운 걸 탐색하고 배울 의지를 갖게 됩니다.

가령, 부부싸움 한 후에 친구를 만나면 어떤가요? 물론 친구 만나서 스트레스 푼다는 분도 있습니다. 그러나 마음 한구석은 편치 않을 거예요. 저는 아예 아무도 만나고 싶지가 않습니다. 내 문제가 복잡하고 해결되지 않으면 밖에 나가서 누구를 만나도 즐겁지가 않거든요.

같은 이치입니다. 엄마가 안전감을 주지 못하면 아이는 불안합니다. 엄마에게 집착하느라 바깥 세상으로 나가지 못합니다. 경험해 보지 못한 세상은 아이에게 두려움의 대상이 됩니다. 두려움은 다시 아이의 탐색 기회를 제한합니다. 아이의 모든 영역에서 발달을 저해하게 됩니다.

아이의 모든 사회적 활동 즉 놀이, 친구와의 관계, 학습 등은 아이 혼자 해나가야 하는 영역입니다. 그것들을 잘 해내기 위해선 엄마와의 분리가 필요합니다. 관심과 호기심이 밖으로 향해야 합니다.

그러나 엄마와의 관계가 불안하면 아이는 떠나지 못합니다. 엄마가 없어져 버릴까 봐 불안하고 엄마가 없는 세상이 무서워서 떠나지 못하는 것입니다.

엄마가 안정애착을 이루어 심리적인 안전기지가 되어줄 때, 아이는 안전감을 느끼고 외부 활동을 시작할 수 있습니다. 분리보다 중요하고 시급한 것이 먼저 애착을 이루는 것입니다.

버트 파웰(Bert Powell) 외 3인의 저서 《부모교육서, 안정성의 순환 개입》에서 설명하고 있는 개념을 토대로 안전감과 분리에 대해 다시 한번 설명을 해보겠습니다.

그는 '아이들에게는 두 가지 욕구 체계가 있고, 여기에 민감하고 적절히 반응해 줄 때 안정애착이 형성된다'고 말합니다.

첫째는 애착 체계입니다.

엄마와의 연결과 위안, 확신에 대한 욕구입니다. 아이는 세상에서 위협을 느낄 때, 힘들거나 정서적 재충전이 필요할 때 엄마에게 달려갑니다. 엄마의 위로와 지지로 아이는 힘을 얻습니다. 엄마는 아이를 품어주는 안전한 피난처 역할을 합니다.

둘째는 탐색 체계입니다.

아이에게는 세상을 탐색하고 잠재력을 발휘하고 흥미로운 경험을 하려는 욕구가 있습니다. 예컨대 갓난아이는 누가 시키지도 않았는데 스스로 배밀이를 시작하고, 고개를 들려고 용을 쓰고, 땀을 뻘뻘 흘리며 뒤집기를 시도합니다. 아이에게 있는 본능적인 자율성과 숙달의 욕구 때문입니다.

이렇게 아이는 세상을 탐색하고 새롭고 흥미로운 경험을 하기 위해 엄마로부터 멀어집니다. 이때 엄마는 아이의 탐색을 지지하고 받쳐주는 안정적인 기반이 되어주어야 합니다. 탐색이 안전하다고 느껴질 때, 아이는 타고난 호기심과 숙달의 욕망을 따르게 됩니다.

엄마의 위안과 보호를 통해 안전감을 느낀 후, 아이는 환경에 대한 흥미를 보이며 엄마와 멀어집니다. 피곤하거나 스트레스를 받는 상황이 되면, 다시 엄마에게 돌아옵니다. 그리고 엄마에게서 위안을 얻고 기운을 되찾으면, 다시 또 세상으로 나가는 과정을 반복합니다.

안정애착은 이 두 가지(애착=연결, 탐색=분리) 욕구 체계에 민감하고 적절하게 반응해 줄 때 형성됩니다. 그러니까 엄마와의 연결-->분리-->연결-->분리가 반복되면서 아이는 담대해지고 건강하게 성장해가는 것입니다.

엄마에게 힘을 얻어서 세상에 나가보고, 불안하면 다시 돌아와서 엄마 품에 안기고, 다시 용기를 내서 나가보고, 무서우면 다시 와서 안심하고, 또 한 걸음 내딛어보고…. 이러한 과정을 통해 아이는 안정적이고 자신감 있는 모습을 지니게 되는 것입니다.

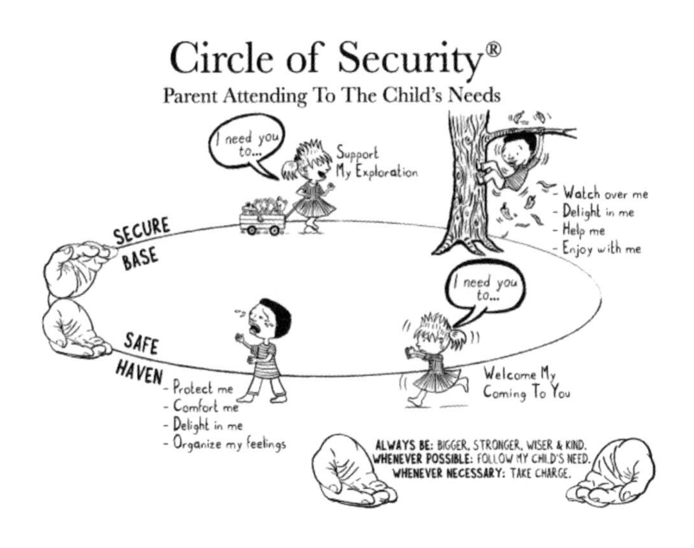

출처: CIrcle of Security International 홈페이지/ www.circleofsecurityinternational.com

이러한 애착의 이론으로 부모들을 교육하는 기관인 The Circle of Security International에서 소개하는 '안정성의 순환(Circle of Security)' 그림을 가져왔습니다.

애착과 탐색의 욕구에 대한 부모의 역할을 두 손으로 보여주고 있습니다.

위쪽의 손(Secure Base: 안전기지)은 아이가 탐색을 하러 떠날 때, 용기를 주고 지지해주는 손입니다. 아래쪽의 손(Safe Haven: 안전한 피난처)은 떠났던 아이가 불안해서 엄마에게 돌아올 때, 반겨주고 품어주는 손입니다. 부모가 양손의 역할을 균형있게 잘 해줄 때 아이는 안정감을 갖게 됩니다.

부모의 반응이 올바르면 두 가지가 모두 이루어지지만, 안전하지 않으면 애착이 활성화되고 탐색은 종료됩니다. 엄마와의 연결이 끊어졌다고 생각하면 아이는 공포를 느끼기 때문에 엄마를 떠나지 못합니다. 탐색하러 나가지 못하고, 나갔다가도 불안해 곧 돌아오고 맙니다.

결국 두 요소 중에서 애착이 먼저 형성되어야 하는 것입니다. 아이가 부모에게 안전감을 느끼지 않으면 탐색과 학습을 위해 부모를 떠날 수는 없기 때문입니다.

세 가지
애착 유형의 아이들

세 마리의 쥐가 있었습니다. 쥐들이 사는 집에는 버튼을 누르면 먹이가 나오는 먹이 상자가 있었습니다.

첫 번째 쥐 집의 먹이 상자는 버튼을 누르면 먹이가 나왔습니다. 쥐가 버튼을 누를 때마다 구멍에서 맛있는 먹이가 나왔습니다. 쥐는 배가 고플 때 버튼만 누르면 구멍에서 먹이가 나온다는 것을 알았습니다. 쥐는 예측이 가능했기 때문에 안심했습니다. 배가 고플 때만 버튼을 눌렀습니다.

두 번째 쥐 집의 먹이 상자는 불행하게도 버튼이 고장이 났습니다. 그래서 버튼을 눌렀을 때 매번 먹이가 나오지 않고 불규칙적으로 나왔습니다. 두 번째 쥐는 마음을 놓을 수가 없었습니다. 실제로 배가 고프지 않아도 먹이를 얻기 위해 버튼을 자주 눌렀습니다. 후에 버튼이 수리된 다음에도 버튼을 계속 눌러 먹이를 방안에 가득 쌓아놓았습니다.

세 번째 쥐 집의 먹이 상자는 버튼이 작동하지 않았습니다. 쥐는 눌러도 먹이가 나오지 않는다는 것을 알았기에 다른 방법을 찾아야 했습니다. 심지어 정상적인 먹이 상자가 있는 새 집으로 옮겨도 버튼을 누르지 않았습니다.

이 이야기 속의 쥐들은 먹이를 공급해주는 상황에 따라 각기 다르게 반응했습니다.

첫 번째 쥐는 버튼을 누르면 먹이가 나오는 것을 경험했기에 아무 때나 버튼을 누르지 않아도 됩니다. 먹이에는 신경을 쓰지 않고 느긋하게 다른 볼일을 볼 수 있습니다. 언제든 배가 고프면 돌아와 버튼을 누르기만 하면 되니까요.

바로 안정애착의 모습입니다.

아이는 언제든지 자신의 욕구를 들어줄 엄마가 있다는 사실 때문에 안심하고 다른 곳에 관심을 보일 수 있습니다. 배가 고프면 엄마가 밥을 줄 것이고, 심심하면 놀아줄 것입니다. 넘어져서 다치면 엄마에게 돌아가기만 하면 됩니다. 엄마가 위로해주고 치료해 줄 테니까요. 무서우면 엄마에게 달려가면 됩니다. 보호해줄 것을 알기 때문입니다.

이런 믿음을 가진 아이는 두려움이 없습니다. 뭐든 도전하고 시도해보려고 합니다. 하다가 힘들면 언제든 엄마에게 돌아가면 되니까 안심이 됩니다. 건강한 발달이 이루어집니다.

두 번째 쥐는 불안합니다. 먹이가 나왔다 안 나왔다 하니 일관되지 않습니다. 배가 고파 죽을 수도 있겠다는 불안감 때문에 먹이 상자에 집착합니다. 누르고 누르고 또 누릅니다. 충분히 있는데도 계속 누릅니다. 안전감을 느끼지 못합니다. 버튼을 눌러야 하기 때문에 밖으로 나가지도 못합니다. 먹이 상자 외 다른 것들을 포기합니다.

불안정애착 중 양가애착의 모습입니다.

엄마가 어느 날은 즉각적으로 먹을 것을 주고, 어느 날은 울어도 모르는 척합니다. 어느 날은 친절하게 말을 하고, 어느 날은 화를 냅니다. 욕구에 대한 충족이 일관적이지 않습니다. 아이는 불안해집니다. 엄마의 관심을 끌어내기 위해 계속 울거나 짜증을 내거나 끊임없이 요구를 합니다. 엄마에게 집착하고 의존합니다. 자신의 욕구가 편안하게 충족되지 못하니 엄마가 요구를 들어줘도 만족하지를 못합니다. 계속 칭얼대고 화를 냅니다.

또한 엄마 곁을 떠나지 못해 탐색의 기회를 얻지 못합니다. 엄마와 분리되어 주변을 탐색하면서 건강한 발달을 이루어야 하는데, 엄마를 떠나지 못하니 심리적으로도 신체적으로도 발달이 늦습니다.

세 번째 쥐는 포기합니다. 아무리 눌러도 먹이가 나오지 않는 먹이 상자는 더 이상 기대할 대상이 아닙니다. 아무런 도움이 되지 못한다는 것을 알아차린 쥐는 다른 방법으로, 자기 스스로의 힘으로 먹이를 구해야 합니다.

이 모습은 불안정애착 중 회피애착의 경우입니다.

아무리 불러도 엄마는 대답하지 않습니다. 배가 고파 울어도 엄마는 먹을 것을 주지 않습니다. 꼭 아이를 방치하는 부모에게만 해당되는 건 아닙니다. 엄마에게 5분은 짧은 시간이지만 아이에게는 5분이 생명을 위협하는 공포의 시간이 될 수 있습니다.

"엄마 이거 하던 거 먼저 하고 해줄게, 좀 기다려."

이럴 수 있습니다. 그러나 아이가 울어도 개의치 않고 엄마의 일을 먼저 하는 동안 아이는 죽을 듯한 두려움 속에 놓여 있을 수 있습니다.

이런 일이 반복되면 아이의 울음은 짧아집니다. 엄마는 아이가 익숙해졌거나 성장했다고 생각할지 모릅니다. 그러나 아이는 자신의 욕구를 엄마가 채워주지 않는다는 것을 알고 포기한 것입니다. 겉으로는 아무렇지도 않은 듯 보입니다. 그러나 아이는 세상이 자신의 요구를 들어주지 않고 안전하지 않다고 느껴 두려움을 갖게 됩니다. 그래서 입을 다물고 회피하는 것입니다. 결국 두려움은 아이의 탐색의 기회를 빼앗고 건강한 성장 발달을 저해합니다.

불안정애착을 이룬 아이들의 마음은 어떨까요?

외롭고 슬픕니다. 특히, 양가애착은 불안과 분노의 감정이 많습니다. 떼를 많이 쓰고, 짜증이 많은 아이들이 양가적 애착인 경우가 많습니다. 뭔가에 집착하여 반복적으로 같은 소리를 내거나 행동하는 아이들은 불안을 잠재우기 위한 행동입니다. 이 역시 양가적 애착이 바닥에 깔려 있을 수 있습니다.

회피애착을 형성한 아이들은 좌절감, 수치심, 두려움 등의 감정에 빠져 있습니다. 누군가를 의지하지 않기 때문에 언뜻 독립심이 강한 것처럼 보입니다. 그러나 사실은 두려움이 많아 일 처리를 안정감 있게 하지 못하고 허둥지둥하는 모습을 보입니다.

이처럼 애착의 형태는 평생 그 사람의 정서와 성격, 인간관계와 삶의 방식에 영향을 미칩니다.

불안정 양가애착을 경험한 아이는 성인이 되어도 불안을 떨치지 못합니다. 친구나 연인이 떠나버릴지도 모른다고 생각해 관계에 집착합니다. 상대로부터 자신의 결핍을 채우려고 매달립니다. 그 집착은 상대를 질리게 만들어 결국 버림받게 되는 악순환을 경험합니다.

불안정 회피애착을 경험한 아이는 친구 관계에서 냉정하고 차가우며 친밀감을 형성하기 어렵습니다. 도움이 필요한 상황에서도 혼자 해결하려 들기 때문에 문제가 더 커지고 사는 것이 힘들어집니다.

이처럼 어린 시절 애착의 패턴은 이후 그 사람의 모든 관계와 행동을 좌우하는 지표가 됩니다.

안정애착을 만들어주는 환경

1) 약속 지키기

"엄마."

"…"

"엄마."

"…"

"엄마."

"왜, 왜 자꾸 불러~."

아이가 두 번이나 불렀지만 엄마는 대답이 없습니다. 세 번째 부르고서야 대답을 했는데 엄마는 집요하게 불러대는 아이에게 이미 화가 났고, 지친 마음이 말 속에 묻어납니다.

아이의 계속되는 요구, 어떻게 대처해야 할까요?

우선, 즉각적인 반응으로 답해주는 것이 좋습니다. 물론 아이의 요구를 다 들어주라는 것은 아닙니다. 대답은 하되, 들어줄 수 없는 이유를 설명하는 것입니다.

"설명해도 소용없어요. 아이가 계속 보채요. 지금 당장 해달라고요. 그래서 아예 대답을 안 하게 돼요."

이렇게 하소연 하기도 합니다.

아이가 집요하게 요구하는 이유는 엄마를 믿을 수 없기 때문입니다. 먹이를 얻으려면 지금 버튼을 계속 눌러야 한다고 생각하는 두 번째 쥐처럼, 보채지 않으면 자신의 요구가 해결되지 않을 거라고 믿기 때문입니다.

그동안 엄마는 일관되지 않게 아이의 요구에 반응했던 것은 아닐까요?

"달이가 엄마랑 기차놀이를 같이 하고 싶구나. 하지만 지금은 엄마가 설거지를 하고 있으니까 이거 다 하고 놀아줄게. 10분만, 조금만 기다려줘."

이렇게 약속했다면, 설거지를 마치고 아무리 피곤해도 아이와 기차놀이를 해야 합니다. 만약 약속을 지키지 않았다면, 아이는 언제 자기에게 기회가 올지 모른다고 생각합니다. 그래서 지금 당장 욕구를 만족시키기 위해 보채고 조르게 됩니다.

2) 스킨십

메시지를 전달할 때 언어적 요소는 단 7%뿐이라고 합니다. 억양, 목소리, 눈빛, 표정, 눈맞춤 등의 비언어적 요소가 93%. 특히 언어의 발달이 미숙한 아이들의 경우는 말의 내용보다 느낌이 중요합니다. 장황한 설명보다 따뜻한 눈빛과 부드러운 목소리가 아이에게 전달됩니다.

"엄마가 몇 번이나 말했잖아."

같은 실수를 반복하는 아이가 엄마로선 답답하기만 합니다. 달라지지 않는 아이에게 짜증의 말을 하고 맙니다. 아이는 엄마 말의 내용을 들은 게 아니라 소리치는 엄마의 감정을 들었을 뿐입니다. 안타깝게도 자신의 어떤 행동을 고쳐야 하는지는 알아듣지 못합니다.

유아기의 아이에게는 비언어적인 요소들이 더욱 중요합니다. 그중 스킨쉽은 촉각을 통해 소통하는 방법입니다. 촉각은 인간의 감각 중 가장 빠르게 발달하는 감각입니다. 아이는 촉각을 통해 세상에 대한 정보를 얻습니다.

아기는 세상에 태어나면 눈도 뜨지 못하고, 소리도 분별하지 못합니다. 오직 엄마의 살갗에 닿는 느낌과 어루만지는 손길로 세상을 느끼게 됩니다.

보육기관에 맡겨진 아이들은 위생적인 환경에서 충분한 영양을 공급받음에도 사망률이 높고, 신체적 정신적 발달이 지연된다는 연구 결과가 있습니다. 원인은 따뜻한 포옹이나 접촉 없이 침대에 누인 채 우유를 먹였기 때문입니다.

스킨쉽은 엄마가 주는 강력한 사랑의 언어입니다.

머리 쓰다듬기, 어깨 두드리기, 팔다리 마사지 하기, 손바닥 마주치기, 뺨 어루만지기 등으로 엄마의 마음을 전달할 수 있습니다. 안정애착을 이루기 위한 기초작업인 셈입니다.

3) 눈맞춤과 웃는 얼굴

"거울보다 먼저 보는 것은 엄마의 얼굴이다. 엄마의 얼굴에 반응이 없으면 그때 거울은 쳐다보는 것일 뿐 들여다보는 것은 아니다."

심리학자 도널드 위니캇은 이렇게 말했습니다.

사람은 거울이 없이는 자기 얼굴을 보지 못합니다. 누군가 나를 비춰주는 대상이 있어야 그를 통해 나를 보게 됩니다. 아이는 거울과 같은 역할을 해주는 주 양육자, 곧 엄마가 비춰주는 모습으로 나를 인식하게 됩니다.

그런 엄마가 눈을 맞추고 웃어줍니다. 그 웃음은 아이에게 이런 메시지입니다.

"너는 사랑받고 있어."

"엄마가 있으니 너는 안전해."

"너는 특별하고 소중해."

"엄마가 지켜줄게. 안심해도 돼."

"나는 너에게 관심이 있어. 너의 모든 것이 궁금해."

엄마의 눈맞춤과 웃는 얼굴에서 아이는 안전감을 느낍니다. 안정애착을 이루게 됩니다.

엄마의 얼굴에 아무런 반응이 없다면 어떨까요? 아이는 어떤 메시지를 받게 될까요?

"나는 너에게 관심이 없어."

"너를 원치 않아."

"나는 너한테 쓸 시간은 없어."

"요구하지마."

"너는 중요하지 않아."

이런 메시지를 받게 될 것입니다. 부모의 부정적인 메시지로 인해 안정애착을 형성할 수 없습니다.

엄마가 웃는 얼굴로, 호기심 가득한 반짝이는 눈으로 아이와 눈맞춤할 때, 아이는 자신의 가치를 느끼게 됩니다. 안정애착을 이루는 기반 공사인 셈입니다.

4) 아이의 감정을 인정

'빙산의 일각'이라는 말이 있습니다. 우리 눈에 보이는 빙산은 전체의 10%에 불과합니다. 나머지는 눈에 보이지 않은 채 바다 아래에 감춰져 있습니다. 타이타닉호는 빙산과 충돌하여 침몰했습니다. 바다 표면에 떠 있는 10%만 보고 그 밑의 거대한 90%를 보지 못했기 때문입니다.

아이를 바라볼 때 우리도 비슷한 실수를 하기 쉽습니다. 눈에 보이는 것이 전부라고 생각하는 것입니다.

짜증이 많은 아이에게 "너는 왜 이렇게 짜증을 내"라고 말합니다. 화를 잘 내는 아이에게는 "우리 아들은 성격이 까칠해"라고 쉽게 말합니다. 눈에 보이는 아이의 행동만 보고 평가하는 것입니다. 짜증을 내거나 화를 내는 아이의 내면, 즉 감정은 보지 못하는 것입니다.

아이는 외롭고 슬픈 겁니다. 인정받고 싶고 사랑받고 싶어합니다. 욕구가 좌절되어 속이 상한 상태입니다.

보이지 않는 아이의 감정을 보지 못하면 안정애착을 이룰 수 없습니다. 안정애착을 이루지 못할 때, 아이는 다음과 같은 신념을 갖게 됩니다.

감정을 느끼는 건 좋지 않아.

내가 원하는 것을 말하면 안 돼.

나는 사랑받지 못할 거야.

아이의 감정을 인정하지 않는 건 아이를 인정하지 않는 것입니다. 아이는 자신의 존재 자체를 부정당한 것입니다.

이런 아이는 어떻게 될까요?

첫째, 자신의 감정을 누르고 다른 사람의 감정을 따라갑니다. 남의 감정에 내 감정을 맞춥니다.

둘째, 감정 자체를 느끼지 않으려 합니다. 결국 감정을 모르는 사람이 됩니다.

셋째, 자신의 감정, 생각, 판단을 신뢰하지 못합니다. 누구 앞에서도 확신 있게 말하지 못하게 됩니다.

아이의 감정을 인정해주는 것은 아이의 존재 자체를 인정하는 것입니다. '나는 너를 존중해'라는 메시지입니다. 안정애착을 이루는 기본 요소입니다.

5) 실수하지만 회복하는 환경

우리는 모두 실수를 합니다. 실수를 통해 배우고 성장합니다. 실수를 받아주고 용납해줄 때 아이는 도전을 두려워하지 않게 됩니다.

실력 있는 전문가가 되는 비결은 학위도 연구 실적도 아닙니다. 임상 경험의 시간입니다. 얼마나 많은 경험을 했느냐가 척도입니다. 임상 경험이 많다는 건 다양한 사례들을 만났다는 것입니다. 그 안에는 실수와 실패의 경험이 없을까요? 있습니다. 그러나 그 실수를 통해 깨닫고 배우면서 나만의 노하우로 축적되는 것입니다.

아이에게 실수를 두려워하게 해서는 안 됩니다. 실수를 통해 배운 것을 칭찬해 주어야 합니다. 그럴 때 아이는 존중받는 느낌을 갖습니다. 부모의 지지와 응원을 느낍니다. 이러한 과정을 통해 안정애착을 이룰 수 있게 됩니다.

아이의 실수를 받아주는 것 못지않게 중요한 점이 있습니다. 엄마가 자신의 실수를 인정하는 자세입니다.

엄마는 완벽하지 않습니다. 엄마도 실수를 합니다. 그러나 엄마가 실수를 인정하지 않으면, 아이 역시 자신의 실수를 숨기게 됩니다. 나아가 엄마는 항상 옳고 자신은 항상 잘못됐다고 생각합니다. 결국 자신을 자책하고 잘못을 숨기며 인정하지 못하게 됩니다.

엄마가 오해해서 아이를 혼냈다면, 아이에게 사과해야 합니다. 어른이 잘못 판단해서 아이가 억울했다면, 엄마의 실수를 인정해야 합니다.

잘못은 바로잡고 감정은 회복하면 됩니다. 그럴 때 아이는 엄마와 신뢰 관계가 형성됩니다. 엄마의 바로잡는 모습을 보며 자신의 실수도 인정할 수 있는 아이가 됩니다. 실수를 인정하고 실수를 회복할 때, 올바른 애착이 만들어지는 것입니다.

6) 아이의 경계를 인정

"엄마가 같이 놀아도 돼?"

"엄마도 들어가도 될까?"

"이 장난감 여기 놓으면 어떨까?"

엄마가 아이에게 묻습니다. 엄마의 물음은 아이의 의견을 듣는 이상의 의미를 갖습니다. 곧 아이의 경계를 인정하는 것이며, 아이의 권한을 인정하는 것입니다.

아이를 돌보다 보면 모든 판단과 결정을 부모가 하는 경우가 많습니다. 아이들은 그저 부모의 지시에 따라야만 하는 걸로 여깁니다. 엄마가 선택한 옷을 입히고, 엄마가 정한 학원에 보냅니다. 그러나 사실 부모 자녀 간의 갈등은 거기서부터 비롯되는 경우가 많습니다.

놀이 현장을 모니터링하다 보면, 일상에서 엄마가 얼마나 경계를 지키고 있는지를 알 수 있습니다.

예컨대 아이가 블록으로 성을 만들고 있습니다. 엄마는 성을 더 멋지게 꾸며주기 위해 성벽에 깃발을 꽂습니다. 아이는 짜증을 냅니다. 아이 나름의 생각이 있고, 그 결정을 스스로 하길 원합니다. 그걸 무시하고 엄마가 함부로 끼어든 셈입니다. 엄마는 아이의 놀이를 확장시켜주려고 한 일입니다. 더 멋지게 만들면 아이가 좋아할 거라고 생각했을 지도 모릅니다. 그러나 허락을 받지 않고 경계를 침범했을 때 아이는 기분이 상하고 존중받지 못한 느낌을 받게 됩니다.

놀이에서 개입을 많이 하는 엄마들은 대부분 일상에서도 그러합니다. 아이의 경계를 인정하지 않습니다. 엄마가 모든 것을 결정하고 많은 것들을 대신 해줍니다.

의사 표현이 명확하지 않은 어린 자녀에게도 예의를 지켜야 합니다. 생각과 의견을 묻고 그 경계를 함부로 침범하지 말아야 합니다. 아이의 권한을 존중해야 합니다. 그럴 때 아이는 자기를 존중하는 엄마를 신뢰하게 되고 안정애착을 이룹니다. 존중받은 경험을 한 아이는 타인을 존중할 줄 압니다. 엄마에게도 친구들에게도 존중하는 태도를 보입니다.

어린이집 유치원 등원 거부하는 아이도 불안정애착

요즘 아이들은 걷기 시작하면 어린이집에 갑니다.

어린이집 등원이 특별히 어려운 아이가 있습니다. 엄마와 떨어지지 않으려고 우는 아이에게서 돌아서는 엄마들의 발걸음은 무겁기만 합니다.

어린이집에 익숙해질 때가 되었건만 도운이네는 아침마다 전쟁을 치룹니다. 유독 낯을 가리고 엄마와 떨어지지 않으려해 늦게까지 어린이집을 보내지 않고 데리고 있었습니다. 하지만 더 이상 미룰 수는 없어 어린이집 등원을 시작했습니다.

첫날은 죽을 듯이 울어대는 아이를 차마 떼어놓지 못하고 포기. 둘째 날은 적응 훈련으로 엄마가 같이 원에 남아있었지만 결국 두고 오지 못하고 포기. 셋째 날부터는 시간을 조절해가며 서서히 적응시키려고 했지만 끝없는 울음 때문에 결국 다시 데려와야 했습니다.

그렇게 두 달이 지났습니다. 오랜 노력 끝에 어린이집 등원은 하고 있지만 여전히 아침마다 가기 싫다고 떼를 씁니다. 아이를 달래서 데리고 가는 일도 힘들지만, 막상 어린이집 문 앞에서 울며 떨어지지 않는 아이를 두고 오는 것이 엄마의 마음을 힘들게 합니다.

분리불안은 불안정애착 형성의 모습입니다.

기질적으로 소심하고 걱정이 많으며 조심스러운 아이가 있습니다. 그런 아이도 더디기는 하지만 안정애착이 형성되면 분리가 잘 이루어집니다. 그러나 엄마와의 애착이 이루어지지 않은 아이는 탐색이 제한됩니다. 엄마와 연결이 끊어지는 것은 아이에게 죽음과도 같은 공포입니다. 아이는 필사적으로 엄마와 끊어지지 않으려고 발버둥을 칩니다. 당연히 다른 환경에 대해서는 관심과 호기심을 보일 수가 없는 것이지요.

엄마와의 분리가 어려운 아이를 과도하게 강요해서는 안 됩니다. 공포스러운 분리는 자칫 트라우마로 자리잡아 아이에게 큰 상처를 줄 수 있기 때문입니다. 분리가 어려운 아이는 먼저 애착을 돌아보아야 합니다. 충분한 위안과 사랑을 주었는지를 살펴야 하는 것입니다.

"충분한지 불충분한지 어떻게 알 수 있나요?"

"얼마나 더 오랫동안 애착을 지속해야 하나요?"

답답한 엄마들이 질문합니다.

답은 아이가 말해줍니다. 엄마와 충분히 연결되어 안전하다고 느끼면, 아이는 스스로 밖으로 나가려고 합니다. 환경에 관심을 보이고 엄마를 떠나려고 할 것입니다.

힘든 일을 겪은 연인을 '충전한다'며 안아주는 장면을 드라마에서 종종 봅니다. 엄마에게서 충분히 배터리를 충전한 아이는 엄마와 분리하여 탐색을 떠나려고 움직이게 됩니다.

분리를 어렵게 하는 또 하나의 원인이 있습니다. 엄마가 탐색하려는 아이를 응원하지 않고 막는 경우입니다. 엄마는 탐색하는 아이에게 자꾸만 불안의 메시지를 줍니다.

"위험해."

"조심해."

"아 무서워~."

아이는 그때마다 멈추게 되고, 용감하게 도전하지 못하게 됩니다. 이유는 분명합니다. 엄마의 불안입니다. 엄마가 불안하니 아이를 세상으로 나가지 못하게 붙잡는 것입니다.

엄마의 불안은 아이에게 전달됩니다. 엄마 품에 있어야만 안전하다고 느낍니다. 탐색하는 아이에게 부정적인 메시지를 주게 되면 아이는 엄마가 탐색을 싫어한다고 알아차립니다. 그래서 스스로 탐색을 멈춥니다. 엄마가 좋아하는 반응에 아이가 자기를 맞추기 때문입니다.

아이의 탐색 욕구를 지지해야 합니다. 그리고 실패했을 때 엄마에게 돌아오는 아이를 품어줘야 합니다. 그런데 반대로 탐색하는 아이를 붙잡게 되면 아이는 점점 분리가 두려워집니다.

도운이 엄마는 불안이 많았습니다. 중학교 시절 길을 걷던 오빠가 차에 치여 그 자리에서 사망했습니다. 아직 성인이 되기 전 겪은 충격적인 사고로 세상이 안전하지 않다는 신념을 갖게 되었습니다. 뉴스에서나 보는 사고가 자기에게도 일어날 수 있다는 것을 처음으로 실감했습니다. 그 사고 이후 매사에 '조심조심'을 입에 달고 살았습니다.

도운이는 엄마의 손을 놓고 혼자 걸어본 적이 없습니다. 아이의 손을 잡지 않으면 엄마가 불안하다고 합니다. 집에서도 엄마의 시야를 벗어나지 않는 곳에서 놀아야 합니다.

아이는 겁이 많습니다. 그 정도가 점점 심해졌습니다. 엄마가 쓰레기를 버리러 나가는 잠시 동안도 혼자 있지 못합니다. 불이 환하게 켜있어도 방에 있는 물건을 가지러 들어가지 못하고, 혼자 잠들지도 못합니다. 엄마와의 분리가 두렵기만 합니다.

애착과 분리는 떼려야 뗄 수 없는 관계입니다. 두 가지 아이의 욕구에 적절히 반응해줄 때, 아이는 안정적인 애착을 이룹니다.

먼저 아이에게 사랑과 지지를, 위안과 보호를 통해 안전감을 줘야 합니다. 탐색과 분리를 위해 엄마를 떠나는 아이를 응원해줘야 합니다. 실수하고 실패해도 언제든 엄마에게 달려가면 다시 안전하다는 확신을 아이에게 주어야 합니다. 그래야 아이는 엄마와 분리되어 세상에 흥미와 관심을 갖게 됩니다.

기억할 것은 안정적인 애착 없이 분리는 이루어지지 않는다는 것입니다. 애착이 형성되지 않으면 아이는 탐색을 멈추기 때문입니다. 엄마가 먼저 올바른 애착으로 안전감을 준 후 서서히 분리를 연습하며 응원과 지지를 보낼 때, 아이는 분리불안에서 벗어날 수 있습니다.

양가적 불안정애착으로 짜증이 심한 아이

"벼랑 끝에 선 심정으로 선생님한테 왔습니다."

벼랑 끝에 선 심정이었다니, 이제 3살 된 아이의 아빠가 쓴 표현에 깜짝 놀랐습니다.

너무나 사랑해 아이와 혼연일체가 되어 놀아주는 아빠. 아이는 엄마를 밀어냈고 아빠만 찾았습니다. 그러나 아이는 끝도 없는 고집과 짜증으로 부모를 힘들게 하고 있었습니다.

"이거, 이거~ 아니, 저거~."

이걸 달라고 했다가 싫다고 했다가 이내 다시 달라고 했습니다. 이리로 가라더니 또 마음을 바꿔 저리로 가라고 변덕을 부렸습니다.

"도대체 왜 그러는 건지 모르겠어요."

이해할 수 없는 요구가 끝없이 이어졌습니다. 인내심의 한계를 느낀 아빠는 결국 폭발하곤 했습니다.

만 2세 지욱이는 언어가 빨라 엄마 아빠와 소통이 잘 되었습니다.

"친구가 지욱이를 밀어서 넘어뜨려 머리를 심하게 부딪힌 적이 있었어요. 그때 머리를 다쳐서 그런지 그 후로 더 이상한 행동을 많이 하는 거 같아요. 머리가 혼란스러워서 그런 거 아닐까요? 머리 MRI를 찍어봐야 할까 봐요."

부모의 혼란이 어느 정도인지 가늠이 되었습니다. 일단 부모를 진정시킨 후에 빠르게 과정을 진행했습니다.

아이주도놀이 2회기를 마쳤을 뿐인데 아빠가 눈물을 글썽이며 말했습니다.

"놀이치료 그런 거는 들어봤어도, PCIT는 잘 몰라서 정말 이걸 해서 될까, 하는 마음이었어요. 선생님께서 자신감 있게 말씀하셔서 믿고 따라가 보자 했지요. 이렇게 빨리 아이가 변할 줄은 몰랐어요."

과연 아이는 2회만에 완전히 변했을까요? 그럴리가요.

다만 엄마 아빠의 달라진 상호작용 때문에 아이는 훨씬 안정적인 감정 상태를 보였던 것이지요.

지욱이는 불안정 양가애착의 모습입니다. 양가애착은 일관성 없는 부모의 양육 태도가 원인이 됩니다. 어떤 때는 민감하게 감지하고 아이의 욕구를 채워주지만, 또 어떤 때는 방치하는 부모에 의해 아이는 양가적인 불안정한 애착을 형성하는 것입니다.

아빠는 열정적이고 성취 지향적인 기질이었습니다. 가끔 욱하는 감정이 올라와 폭발하곤 했죠. 아이와도 최선을 다해 열심히 놀아줬습니다. 그러나 아이의 짜증과 감당 못할 행동이 지속되면 결국 화를 내는 일이 많았습니다.

또한 아빠는 거칠 것 없는 용감한 기질이었습니다. 반면 지욱이는 조심성이 많고 소심한 기질이었죠. 아빠로선 지욱이의 주저주저하는 모습을 이해하고 기다려주기 어려웠습니다.

아이는 아빠가 너무 재미있고 좋지만 종종 화를 낼 때는 무섭습니다. 자신의 요구를 잘 들어주지만 놀이터에서 용감하지 못한 자신을 비난할 때는 괴롭습니다. 두 가지 감정이 공존하고 있던 것입니다.

게다가 점점 멀어져가는 엄마와의 정서적 거리감은 지욱이를 더욱 불안하게 만들고 있었습니다. 엄마는 예민하고 완벽하게 아이의 육체적 필요를 채워주려고 애썼습니다. 몸은 약한데 아이를 철저히 돌보고 집안일까지 완벽하게 해내느라 정작 아이의 정서적 필요를 놓치고 있었습니다. 그러다 보니 지욱이는 아빠와 점점 밀착되었고, 엄마와는 밋밋한 사이가 되었습니다. 아빠가 출근할 때마다 지욱이는 울고 짜증을 냈습니다. 엄마는 남겨진 아이와 함께하는 시간이 힘들기만 했습니다.

불안정 양가애착은 불안, 초조, 분노 등의 모습을 보입니다. 애착 유형 실험에서 이런 아이들은 엄마가 곁에 있다가 나가면 불안해서 계속 웁니다. 그러나 엄마가 돌아와도 울음을 멈추지 않습니다. 엄마의 존재가 아이의 감정을 진정시켜주지 못하는 것입니다.

불안정 양가애착은 부모의 일관되지 않은 양육 태도가 원인입니다. 어떤 날은 엄마의 컨디션이 좋아서 아이와 잘 놀아줍니다. 그러나 힘들어지면 아이에게 짜증을 내고 요구를 들어주지 않습니다. 이런 일이 자주 반복되면 아이는 불안해집니다. 엄마의 사랑이 어느 날은 오고 어느 날은 오지 않으니까 계속해서 엄마에게 집착하게 됩니다. 엄마의 관심을 계속 붙잡아야 하기에 짜증과 요구가 많아집니다.

짜증과 요구가 많은 아이를 돌보는 엄마는 힘겹습니다. 맞춰주려 노력하지만 종종 한계를 느껴 화를 내거나 부정적인 말을 쏟아냅니다. 참다가 폭발하여 아이를 무섭게 혼내는 경우가 종종 생깁니다. 아이는 더욱 불안해집니다. 악순환이 계속되는 겁니다.

지욱이는 정서적으로 채워주지 못하는 엄마보다 늘 자신과 놀아주는 아빠에게 집착했습니다. 그러나 두 분 모두 불안정한 사랑을 주었기에 아이는 극심한 양가적 애착을 보였던 것입니다.

시간이 지나면서 아이는 편안해졌습니다. 짜증도 줄고, 끝없이 계속되던 요구도 점차 횟수가 줄어갔습니다. 어색했던 엄마와의 놀이에도 흥미를 보였습니다. 아이의 불안정한 애착이 부모의 올바른 상호작용에 의해 안정되어 가는 것입니다.

엄마는 수많은 육아서를 읽었다고 했습니다. 막상 적용하다 보니, 오히려 혼란스러웠답니다. 여기선 이렇게, 저기선 저렇게 하라는 지침에 따랐지만 결국 일관성 없는 육아였던 셈이었습니다.

모든 부모들은 자녀와 안정애착을 형성하고 정서적으로 건강하게 키우기 위해 노력합니다. 육아서들을 찾아 읽고, 유튜브에서 자녀교육과 관련된 동영상을 보고, 육아 정보를 얻기 위해 각종 부모교육에도 참여합니다. 그러나 여전히 어렵습니다. 아이들의 기질과 부모님의 기질이 다르고, 집집마다 양육의 환경이 다르기 때문입니다.

그럼에도 불구하고 원리는 같습니다. 일관된 사랑을 주는 것입니다. 인정과 존중의 상호작용으로 사랑을 줄 때 아이는 안정애착을 이룰 수 있습니다.

회피애착으로 혼자 노는 아이

혼자 노는 아이는 문제가 있을까요?

문제가 있기도 하고 없기도 합니다.

무슨 답이 그래? 하고 반문할지도 모릅니다. 그러나 그렇게 대답할 수밖에 없습니다. 모든 아이가 다 똑같지 않기 때문입니다.

기질적으로 친구들과 어울려 노는 것을 좋아하는 아이가 있고, 혼자 노는 것을 좋아하고 혼자 놀아도 외롭지 않은 아이가 있습니다.

친구들과 어울려 노는 것을 좋아하고 함께 놀고 싶어하는 아이가 혼자 논다면 문제가 있는 것입니다. 이 아이는 친구들과 함께 노는 기술이 부족한 것이고, 그로 인해 함께 놀지 못할 때 상처를 받기 때문입니다. 친구가 놀아주지 않아서 슬프고 자존감도 낮아집니다.

반면 혼자 노는 것을 좋아하고 외롭지 않은 기질의 아이는 혼자 노는 상황에 문제가 없습니다. 물론 사회적 관계를 맺는 것은 중요합니다. 하지만 부모가 걱정하는 만큼 정서적으로 큰 상처를 입지는 않습니다.

기질의 문제가 아니라 회피애착으로 혼자 노는데 익숙한 아이도 있습니다.

4세 영우가 그랬습니다.

보통 PCIT 첫 회기에 부모와 인터뷰를 진행합니다. 아동의 문제와 상황, 부모의 기대 등을 듣고 어떻게 치료를 시작할 것인지 설명해주는 시간입니다. 이날은 엄마만 혹은 엄마와 아빠가 함께 옵니다. 아이와 동행하지 않습니다. 계속 부모와만 이야기를 나눠야 하기 때문입니다.

영우네는 그럴 수가 없었습니다. 맞벌이 부부였고, 아이를 맡길 곳이 없었기 때문입니다.

아이 때문에 부모님이 인터뷰에 집중할 수 없을까 봐 염려하는 저에게 엄마는 이렇게 말했습니다.

"저희 아이는 괜찮아요. 혼자 잘 놀아요."

"한 시간인데 괜찮을까요? 아이가 지루할 텐데…."

"괜찮아요. 한 시간 동안 혼자서 잘 놀아요."

필자의 염려와 달리, 엄마와 아빠가 인터뷰하는 한 시간 동안 영우는 놀이방에서 혼자 장난감을 가지고 잘 놀았습니다. 화장실에 가겠다는 것 외에 어떤 요구도 하지 않았습니다.

이 아이는 정말 괜찮은 것일까요?

괜찮지 않습니다. 아이가 혼자서 잘 노는 것, 바로 그것이 문제입니다.

아이는 4세입니다. 질문이 많고, 요구가 많은 나이입니다. 기질 검사를 통해 보니 아이는 자극 추구가 높고 사회적 민감성도 높습니다. 사람에 대한 관심도 많고 같이 놀고 싶은 충동도 큽니다. 그런 아이가, 부모가 옆에 있는데 아무런 요구도 하지 않습니다.

아이의 행동에는 어떤 의미가 있을까요? 부모와 회피애착이 형성된 것이었습니다.

부모는 맞벌이로 너무나 바빴습니다. 집에 돌아와도 아이를 돌볼 여유가 없었습니다.

엄마는 투잡을 뛰고 있습니다. 회사에서 퇴근하고 집에 돌아오면 블로그로 또 다른 사업을 합니다. 아이는 잠이 든 채로 출근하는 아빠 차에 실려 회사에서 운영하는 어린이집으로 갑니다. 아빠의 퇴근 시간에 맞춰 집으로 돌아옵니다. 퇴근한 엄마가 일하는 저녁 시간 내내 아이는 아빠와 함께 있습니다. 그러나 아빠는 핸드폰을 들여다보며 아이를 지켜보고 있을 뿐입니다. 결국 아이는 혼자 놀고 있습니다.

회피애착은 불안정애착의 하나입니다.

정서적으로 신체적으로 부모에게 돌봄을 받지 못할 경우, 아이가 너무 오래 혼자 남겨지는 경우, 아이가 접촉을 요구했는데 부모가 외면하거나 부정적으로 반응하는 경우 회피애착을 형성하게 됩니다.

회피애착은 아이에게 어떤 영향을 미칠까요?

아이는 요구를 해도 아무도 들어주지 않는다는 걸 알게 됩니다. 따라서 모든 요구를 포기합니다. 욕구가 좌절되면 상처를 받습니다. 이러한 과정이 반복되면 더 이상 상처받지 않으려고 스스로 욕구를 억제하고 회피합니다. 자신이 만든 고립된 환경 안에서 안전하다고 느낍니다. 감정을 느끼지 않으려고 하다 보니 점점 감정이 없는 아이가 됩니다.

영우는 일찌감치 알았습니다. 부모에게 어떤 요구를 해도 받아들여지지 않는다는 것을요. 처음에는 요구를 했을 것입니다. 부모와 같이 놀고 싶어 칭얼대고 울고 떼쓰고 했을 겁니다. 그러나 돌아오는 것은 부모의 무서운 얼굴과 질책, 처벌이었습니다. 결국 아이 스스로 포기하고 말았습니다. 어느새 부모에게 요구하지 않는, 혼자 노는 걸 받아들이는 회피애착을 형성한 것이었습니다.

부모의 입장에서는 혼자 잘 노는 아이가 편했습니다. 그런 아이를 착하고, 순하다고만 생각했다고 합니다.

몇 주 후 엄마와 아빠의 상담이 이어졌습니다. 이번에는 아이가 다가와서 몇 번이나 묻습니다.

"왜 같이 안 놀아요?"

"왜 엄마랑 안 놀아요?"

그동안 센터에서의 놀이와 매일 5분 특별놀이 숙제로 엄마 아빠와의 놀이를 경험한 아이가 달라지기 시작한 것입니다.

혼자 노는 것이 당연했던 아이가 같이 노는 즐거움을 알기 시작했습니다. 이제는 엄마와 아빠가 자기와 놀아준다는 사실을 알고 받아들였습니다.

아이주도놀이를 마칠 무렵, 아이는 완전히 다른 모습이었습니다.

요구가 늘고, 말이 많아지고, 함께하는 놀이를 즐거워했습니다. 떼쓰는 일이 거의 사라졌습니다. 부모의 말을 잘 듣고 따랐습니다. 부모로선 소리 지를 일도 윽박지를 일도 없어졌다고 했습니다.

부모의 사랑과 관심을 받고 있다고 느끼면, 아이는 부모에게 협조적이 됩니다. 자발적으로 부모의 말이 듣고 싶어지는 것입니다.

아이의 얼굴이 밝아졌습니다. 놀이도 다양해지고 풍성해졌습니다. 엄마를 놀이에 초대하고 상상 속에서 이야기를 만들어내며 즐거워합니다. 회피애착이 안정애착으로 바뀌어 갑니다.

Chapter 2

아이주도놀이

엄마표 놀이 기법

아이와 잘 놀아주기, 몸 안 쓰고 재미있게 놀아주는 방법 있다

"아이와의 놀이가 재미있나요?"

이 질문에 엄마들은 고개를 절래절래 흔듭니다.

사실 아이와의 놀이는 재미없습니다. 숙제처럼 놀아주긴 하지만 힘겹습니다.

"5분이 그렇게 긴 줄 몰랐어요."

매일 5분씩 놀이하는 숙제를 내주었을 때 한 엄마가 말했습니다. 5분 동안 놀이를 유지하기도 힘이 든다니, 평소 엄마는 아이와 놀아주지 못했다는 것이지요.

아이와 놀아주지 못하는 엄마의 이유는 두 가지 중 하나입니다.

첫째는 시간이 부족합니다. 일하는 엄마는 물론이고, 전업주부도 하루가 바쁘긴 마찬가지입니다. 한가하게 아이와 놀아줄 짬을 만들기 어렵습니다.

둘째는 놀아주는 방법을 모릅니다. 놀아주려고 애는 쓰는데 방법을 모르니 놀이가 어렵습니다. 간혹 아이가 놀이 도중 짜증을 내거나 감정을 폭발시키기라도 하면 엄마는 놀이가 더 부담스러워집니다.

아이와 놀아줘야 하는 것은 알지만 힘이 듭니다. 아이와 놀아주지 못하면 죄책감으로 마음이 무겁습니다.

아이와의 놀이, 어떻게 하면 좋을까요?

먼저 왜 아이와 놀아줘야 하는지를 생각해봐야 합니다.

놀이는 아이에게 정말 중요합니다. 아이에게 놀이는 공부이고 직업이고 일상입니다. 아이는 놀이를 통해 모든 것을 배웁니다. 놀이를 하면서 언어가 발달되고, 사회적 약속과 규칙을 익힐 뿐 아니라, 사람과의 관계, 다양한 감정들을 배우고 이해하게 됩니다. 상상력, 창의력, 사고력을 얻기도 합니다. 놀이는 가상의 세계를 만들어내고, 새로운 것들을 알아가는 과정이기 때문입니다.

이처럼 아이에게 필요한 모든 것들은 학습을 통해 습득되는 것이 아닙니다. 놀이를 통해 배우게 됩니다.

즐거움도, 슬픔도, 행복도, 좌절도 놀이를 통해 익힙니다. 놀이에서 즐거움을 맛봐야 다른 일에도 흥미와 호기심을 갖게 됩니다. 놀이에서 슬픔을 경험해 보아야 세상에서 일어나는 슬픔을 이겨낼 수 있습니다. 놀이에서 좌절을 겪어보아야 세상의 좌절에도 견디는 힘이 생깁니다. 왜냐하면 세상은 놀이의 연장이기 때문입니다.

아이들은 놀다가 싸우기도 하고 언제 그랬느냐는 듯이 다시 놉니다. 친구와 싸워서 좌절과 슬픔을 맛보았습니다. 하지만 감정은 금방 가라앉고 그 친구와 다시 놀게 됩니다. 이런 과정이 반복되면서 아이는 알게 됩니다. 슬픈 감정이 와도 금방 없어진다는 것을, 결국 시간이 지나면 해소된다는 것을 무의식적으로 배웁니다. 슬픔이나 좌절의 감정이 와도 세상이 무너질 만한 큰일이 아니라는 걸 알게 됩니다.

놀이가 아닌 일상의 상황에서 비슷한 감정이 몰려올 때가 있습니다. 그럴 때 아이는 놀이의 경험으로 잠시 후면 괜찮아질 거라고 생각합니다. 이겨낼 힘이 생기는 것입니다.

놀이의 경험이 없는 아이들은 좀 다릅니다. 슬프거나 좌절된 일이 생길 때 견디지 못합니다. 가벼운 일인데 아이는 죽을 듯이 힘들어합니다. 감정에 짓눌려 세상이 끝나버릴 듯 고통스럽습니다. 쉽게 털고 이겨내는 힘이 없는 것입니다. 놀이를 통해 연습해 보지 못했기 때문에 더 크게 공포를 느끼는 것입니다.

즐거움의 경우도 마찬가지입니다. 놀이에서 즐거움을 경험한 아이는 더 재미있는 것을 찾으려고 시도합니다. 다른 일에도 적극적으로 참여합니다.

그러나 놀이에 몰입해서 재미를 흠뻑 느껴보지 못한 아이는 다른 것에서도 즐거움을 찾지 못합니다. 이것도 심드렁, 저것도 심드렁…. 특별히 관심을 갖는 것이 없습니다.

스스로 재미를 찾을 줄 모르는 아이는 누군가에게 의존하게 됩니다.

"엄마, 심심해."

"엄마, 나 뭐해?"

심심하다고 징징거리는 아이는 스스로 재미를 찾아나서지 못하는 것입니다. 엄마에게 보채거나, 재미있게 노는 친구를 찾게 됩니다. 관심거리를 찾아 적극적으로 탐색하는 힘이 약해집니다.

즐겁게 논다는 것은 그만큼 놀이에 집중하고 있다는 뜻입니다. 즉 놀이의 즐거움을 통해 몰입을 경험한 셈입니다. 이러한 경험은 학습으로도 이어집니다. 놀이에 몰입해 본 아이는 학습에도 집중하는 힘이 생깁니다.

놀이의 경험이 아이에게 중요한 이유들입니다. 따라서 유아기 아이를 재미없는 학습이나 교육에 노출시킬 것이 아닙니다. 놀이의 재미에 흠뻑 빠지는 경험이 더욱 중요합니다.

아이에게 놀이의 즐거움을 맛보게 하려면 어떻게 놀아줘

야 할까요?

여기서 엄마들의 고민이 시작됩니다. 엄마가 무엇인가를 해서 신나고 재미있게 놀아야 한다고 생각하기 때문입니다. 그러기에는 엄마의 체력이 받쳐주질 못하고, 아이디어도 없습니다. 때로는 놀이 도중 아이와 충돌해 화를 내며 중단하는 경우도 생깁니다. 아이도 엄마도 감정이 상합니다. 이렇게 되면 놀이의 재미는커녕 아이와의 놀이가 더욱 부담스러워집니다.

사실 놀이의 재미는 놀이의 종류나 활동성에서 오지 않습니다. 신나게 웃고 떠들고, 몸을 움직여야 반드시 재미있는 놀이가 되는 건 아닙니다. 물론 때로는 활동적인 놀이도 필요합니다. 특히 에너지가 넘치는 남자아이들에게는 몸을 쓰는 놀이로 에너지를 발산할 기회가 필요합니다. 그러나 놀이의 재미는 그런 외적인 요인에 의해 충족되는 것은 아닙니다.

아이가 아빠와 몸을 쓰며 놉니다. 킥보드를 타고 공차기를 하면 기분이 좋습니다. 하지만 놀이 도중 아빠에게 부정적인 말을 듣는다면 아이의 기분은 어떨까요? 놀이가 재미있을 수 없습니다.

엄마와 보드게임을 하고 종이컵 쌓기 놀이를 하면 아이는 신이 납니다. 그러나 놀이하면서 엄마에게 핀잔을 들었다면 아이는 기분이 상하고 놀이가 재미없어집니다.

이처럼 아이에게 놀이의 재미란 놀이 자체보다 감정에서 나옵니다. 아무리 활동적인 놀이를 한다고 해도, 감정이 상하는 놀이는 재미가 없습니다. 반대로 아무리 재미없는 놀잇감이라고 해도 기분이 좋으면 아이는 놀이의 즐거움에 빠집니다.

"키즈카페 데리고 가지 못해 아이들에게 항상 미안했어요. 그러나 이제는 연필 한 자루만으로도 두 아이와 재미있게 놀고, 지하철에 붙은 광고판을 보면서도 재미있게 놀이할 수 있게 되었어요."

두 아이를 양육하는 싱글맘 민지 씨는 형편이 어려웠습니다. 아이들에게 좋은 환경을 제공해주지 못해 늘 미안했습니다. 그 흔한 키즈카페 한 번을 데리고 가지 못해 마음이 아팠습니다.

그러나 아이와의 올바른 상호작용을 배운 이후 달라졌습니다. 좋은 곳에 데려가지 못하고, 비싼 물건을 사주지 못해도 더 이상 아이에게 미안하지 않았습니다. 주변의 작은 것 하나로도 아이와 올바르게 소통할 때 아이가 얼마나 즐거워하는지 경험했기 때문입니다.

이처럼 놀이의 재미는 놀잇감에 있지도 않습니다. 어떤 종류의 놀이를 하느냐에 달려 있지도 않습니다. 중요한 점은 바로, 어떻게 놀아주느냐에 있습니다.

몸을 힘껏 움직이지 않아도 놀이를 통해 엄마의 사랑을 충분히 느낄 수 있다면, 아이는 엄마와의 놀이가 재미있습니다. 엄마의 정서적 지지와 사랑만큼 아이를 즐겁게 하는 것은 없기 때문입니다.

놀이를 즐겁게 하는 상호작용을 배우고 익혀 놀아주면 됩니다. 아이들이 원하는 정서적 필요를 채워주는, 재미있는 놀이가 될 것입니다.

아이주도놀이로 유아기 안정애착 형성된다

부모는 꼭 아이와 놀아줘야 할까요?
아이가 혼자 놀거나 친구와 놀도록 하면 안 될까요?

결론부터 말하자면 부모님은 아이와 꼭 놀아줘야 합니다.

누군가를 위해서 시간을 낸다는 것은 그만큼 그 사람을 소중히 여긴다는 의미입니다. 매일 자기와 놀아주는 엄마를 통해 아이는 자신이 소중한 존재이고 사랑받고 있다고 느끼게 됩니다. 입으로는 사랑한다고 말하면서 아이와 시간을 내서 놀아주지 않는다면, 아이는 사랑받는 느낌을 갖지 못합니다. 매일 단 5분이라도 아이와 놀아주는 시간을 갖는 것이 중요합니다.

아이와의 놀이는 놀아주는 것일까요?
아이와 하나가 되어 놀아야 하는 것일까요?

'아이와 놀아주는 것이 아니라 눈높이를 맞춰 놀아야 한다'고 말하는 사람이 있습니다. 부모가 놀이의 즐거움을 알고 아이와 함께 놀이를 즐겨야 한다고 말합니다.

그러나 어른의 놀이와 아이의 놀이는 다릅니다. 어른의 수준에서 아이의 놀이가 즐겁고 재미있을 수 없습니다. 아이가 심심해하니까, 아이가 놀아달라고 하니까 시간을 내서 놀아주는 것입니다.

설사 눈높이를 낮춰서 아이처럼 논다고 해도, 또 다른 문제가 발생합니다. 아이는 항상 이기고 싶어합니다. 부모와 게임을 하다가 본인이 질 듯하면 억지를 쓰기도 하고, 규칙을 갑자기 바꿔버리기도 하고, 그마저 통하지 않으면 화를 내거나 울어버립니다. 아이와 정정당당하게 놀았는데 아이는 기분이 상합니다. 그렇게 되면 없는 시간을 내서 아이와 놀아주었지만 수확은 없습니다. 아이를 즐겁게 해주지도 못했고 오히려 아이의 마음을 상하게 했습니다.

부모가 시간을 내서 아이와 놀아줄 때는 목적이 있어야 합니다. 놀이를 통해 아이의 심리적 필요를 충족시켜주는 것입니다. 물론 놀아주는 것만으로도 아이는 관심받고 사랑받는다는 느낌을 받습니다. 그러나 놀이 중의 올바른 상호작용을 통해 이러한 욕구를 최고로 끌어올려 채워줄 수 있습니다.

이러한 목적을 달성하지 못하는 놀이는 시간 낭비입니다. 놀이 하면서 기분이 상하고, 자존감을 해치며, 관계가 더 나빠진다면 놀이를 안하는 것만 못합니다. 시간과 에너지를 들일 이유가 없습니다.

놀이를 통해 아이는 부모의 사랑을 느껴야 하고, 세상에 도전하는 자신감을 얻어야 합니다. 부모는 그 목적을 이루도록 놀아야 하는 것입니다.

유아기의 최대 과제는 부모와의 안정적인 애착입니다.

'엄마는 나를 사랑하고 안전하게 지켜주며 힘들 때 언제든 돌아가면 나를 위로해줄 거야'라는 믿음. 이러한 믿음이 생기면 아이는 부모와 안정적인 애착을 형성합니다.

안정애착이 생긴 아이는 자신감을 갖게 되고, 탐구심도 생기고, 사회성이 좋아질뿐더러 공부도 잘합니다. 부모의 말도 잘 받아들이는 아이가 됩니다. 심리적 안정 상태에서 자신이 하고 싶은 일들을 해낼 수 있습니다.

이러한 안정애착을 이루기 위해 목적이 있는 놀이를 해야 합니다. 아이의 정서적 필요를 채워주는 놀이, 사랑과 존중, 인정과 지지를 흠뻑 느낄 수 있는 놀이를 해야 하는 것입니다.

안정애착을 이루는 목적을 달성하는 놀이는 바로 '아이주도놀이'입니다.

말 그대로 아이가 주도하는 놀이입니다.

엄마가 놀이를 결정하지 않습니다. 앞장서 이끌지 않습니다. 심지어 개입도 하지 않습니다.

아이가 놀고 싶은 놀이를 선택하고 엄마는 따라갑니다. 아이의 관심과 흥미대로 놀이합니다. 놀이 방법에 대해서도 엄마는 제안하거나 안내하거나 지도하지 않습니다. 설사 틀렸거나 교육적으로 지도할 상황에서도 바로잡지 않습니다.

아이에게 선택과 결정할 권리를 주고 어떤 개입도 하지 않는다는 것은, 아이를 존중하는 것입니다. 아이의 판단을 인정하고 수용하는 것입니다.

아이는 자신의 존재 자체가 인정받는다는 느낌을 받습니다. 엄마로부터 존중받은 아이는 자기 자신이 괜찮은 사람이라는 느낌을 갖습니다. 자존감이 올라갑니다. 자기의 모든 행동을 용납하고 허락하는 엄마와 좋은 관계가 형성되고 안정애착을 형성하게 됩니다.

"아이가 저런 생각을 할 수 있다니, 깜짝 놀랐어요."

"짐작했던 것보다 우리 아이가 훨씬 깊은 생각을 하고 있다는 걸 알게 되었어요."

'아이주도놀이'를 하며 놀란 엄마들의 표현입니다.

엄마는 아이에 대해 자신이 가장 잘 알고 있다고 생각합니다. 그래서 아이가 더 재미있게 놀 수 있도록 결정도 하고 개입도 하고 지시도 하는 것입니다.

기차놀이를 시작하면 레일을 깔아줍니다. 아이가 레일을 직선으로 깔면 곡선의 레일을 덧붙여줘서 다양한 형태로 확장되게 도와줍니다. 위로 올라가는 레일을 연결할 수 있도록 미리 찾아주고 연결해보라고 지시도 합니다. 기차 레일을 멋지게 만들면 아이가 좋아할 거라고 생각한 것입니다.

놀이 현장에서 이런 모습은 흔히 발견됩니다.

2세 별이는 삼각형, 네모, 별 모양을 같은 모양의 틀에 넣고 방망이로 두드리고 있습니다. 삼각형 모양을 찾아서 구멍에 넣고 방망이로 두드리며 좋아합니다. 엄마가 잘한다고 박수를 쳐주었습니다. 엄마는 네모 모양을 구멍에 넣어줍니다. 아이는 또 두드리고 엄마는 잘했다고 칭찬했습니다. 별 모양도 넣어주려고 합니다.

그때 치료사가 말합니다.

"어머니, 멈추시고 조금 기다려볼게요."

그러자 아이가 별을 찾아 구멍에 넣으려고 시도합니다. 모양을 맞추지 못하고 거듭 실패하자 엄마가 또 도와주고 싶어 합니다.

"기다릴게요."

조금 기다리자 아이는 별을 구멍에 넣는데 성공했습니다.

엄마의 칭찬과 함께 아이는 신이 납니다. 엄마가 넣어준 별을 두드리는 것과 어렵지만 자기가 집어넣은 별을 두드리는 감정은 다릅니다. 후자의 경우, 만족감과 성취감이 더 크게 작동합니다.

별이 어디 있지?
별을 넣어야지.
안 들어가네.
들어갔다.

아이의 머릿속에서 일어나는 과정들입니다. 아이는 그 과정마다 스스로 사고하고 배우게 됩니다. 자기의 행위에 몰입하고 성공했을 때 성취감을 맛봅니다. 주도적으로 자기 일을 처리하게 됩니다.

이처럼 '아이주도놀이'에서는 엄마가 대신 해주고 아이에게 하라고 지시하는 것을 멈춥니다. 아이가 생각하고 행동하도록 합니다.

기차 레일을 직선으로만 놓아도 엄마 멋대로 곡선을 놓아주지 않습니다. 곡선을 함께 써야 더 멋지고 긴 레일을 만들 수 있다고 할지라도 아이의 생각을 침범하지 않습니다. 직선을 계속 쓰다가 어느 순간 곡선을 써보니 더 길게 연결되는 것을 아이가 스스로 발견할 때까지 기다리는 것입니다. 스스로 발견해야 아이의 생각은 확장되고 성취감을 맛보며 성장하기 때문입니다.

아이는 어리고 모르는 게 많고 어설픕니다. 부모의 입장에서 기다리는 것은 어렵습니다. 참견하고 침범하는 것이 쉽습니다. 그러나 부모가 인내를 가지고 기다려주면 아이는 스스로 해냅니다. 놀이를 주도하기 시작합니다.

엄마가 주도하는 것을 멈추면, 비로소 아이가 보입니다. 아이를 따라가다 보면, 비로소 아이의 생각을 알게 됩니다. 엄마가 생각했던 것보다 훨씬 깊은 생각을 하고 있다는 것을 알게 됩니다.

그동안은 미처 보지 못했던 것입니다. 엄마의 생각과 방법대로 아이를 이끌어 왔기 때문에 아이의 내면과 가능성을 보지 못했던 것입니다. 때로 따라오지 않는 아이 때문에 힘들다는 생각으로 가득 차 진짜 아이의 모습을 보지 못했던 것입니다.

엄마가 입을 다물면 아이가 말을 시작합니다.

엄마의 생각을 멈추면 비로소 아이의 생각이 보입니다.

아이는 자기 생각대로 놀이를 만들어가기 시작하면서 사고력이 자랍니다.

아이는 엄마의 지시대로 움직이는 꼭두각시가 아니라 자기 인생의 주인공으로 성장합니다.

아이주도놀이 중 하지 말아야 하는 세 가지

"어~ 그렇게 하는 거 아니야~~ 구멍에 모양을 잘 맞춰서 넣어야지."

모양 맞추기 퍼즐이 뜻대로 되지 않자 짜증이 올라오는 아이를 보며 엄마는 초조해집니다. 올바른 방법을 가르쳐줘서 얼른 제대로 맞추게 하려고 합니다. 결국 이렇게 해야지, 하며 퍼즐 조각을 쏙 넣어줍니다.

으앙, 아이의 울음이 터지고 맙니다.

"아니야, 아니야~~"

아이는 떼를 쓰고 발을 구르기 시작합니다. 엄마는 당황스러운 상황을 어떻게 대처해야 할지 몰라 난감합니다.

"직접 하려고 했구나. 그럼 다시 해. 다시 하자."

엄마는 미안하다며 달래봅니다. 아이는 진정이 되지 않는지 계속 소리를 지르고 울음을 멈추지 않습니다.

엄마의 참을성이 한계를 넘어서자 결국 엄마도 감정이 폭발합니다.

"어쩌라고? 할 때마다 이렇게 짜증내려면 퍼즐 하지 마. 엄마가 없앨 거야."

아이를 더 흥분하게 만든 셈입니다. 결국 아이도 엄마도 지칠 때까지 감정을 쏟아내고는 상황이 끝납니다.

아이의 알 수 없는 짜증과 감정의 폭발에 엄마는 당황합니다.

"아이가 너무 예민해요."

"자기 뜻대로 안 되면 짜증을 내요."

엄마의 눈에 비치는 아이의 행동을 평가하고 판단해서 '우리 아이는 이래요'라고 말합니다. 하지만 사실 그 이유가 무엇인지는 잘 알지 못합니다.

왜 그럴까요?

아이는 왜 자기 뜻대로 잘 안 되면 화를 낼까요?

아이는 항상 잘하고 싶습니다. 엄마에게 잘한 모습을 보이고 싶고, 칭찬도 듣고 싶습니다. 그런 뜻이 좌절되어 절망하는 중인데, 엄마가 그런 마음을 알아주지 않습니다. 오히려 비난을 받게 되면 아이는 더욱 화가 나는 것입니다.

이때 엄마의 역할은 잘하고 싶은 아이 마음을 지켜주는 것입니다. 엄마가 주도하지 말고 기다려주며 아이가 놀이를 이끌도록 해주면 됩니다. 바로 '아이주도놀이'입니다.

어떻게 하면 올바르게 아이주도놀이를 경험하도록 할 것인가? 이제부터 하나씩 풀어보겠습니다.

먼저 아이주도놀이를 하면서 엄마가 하지 말아야 할 것들이 있습니다.

1) 지시와 개입

지시는 엄마가 뭔가를 제안함으로 아이의 놀이를 통제하는 것입니다.

아이는 엄마와 재미있게 놀고 싶습니다. 그러나 엄마가 지시를 하게 되면 놀이의 재미는 사라집니다. 엄마의 지시를 따라야 하는 상황이 되면 아이의 의도는 꺾이고 불편한 감정을 느낍니다.

안정애착을 이루기 위한 아이주도놀이에서 지시나 개입은 사용금지입니다.

지시에는 두 종류가 있습니다. 간접 지시와 직접 지시입니다.

간접 지시는 부드럽고 친절하게 말하지만 결국 엄마의 의도가 들어있는 말입니다. 가령 이런 말들입니다.

"여기 앉아서 노는 건 어때?"

"이건 지저분하니까 치우자."

"이 장난감을 정리하고 다른 걸 꺼내면 좋겠다."

부드럽게 돌려서 말합니다. 그러나 결국 엄마의 의도대로 따를 것을 아이에게 지시하고 있습니다. 엄마가 말한 자리에 앉으라고, 장난감을 정리하라고 지시하고 있는 것입니다.

직접 지시는 보다 더 직설적인 지시의 표현입니다.

"여기 앉아서 놀아."

"동그라미를 그려."

"이 장난감을 치워."

간접 지시보다 더 일방적이고 강압적입니다. 아이의 의도와 감정은 고려치 않습니다. 아이는 엄마의 명령에 따라야 합니다. 놀이의 재미는 사라지고 맙니다.

놀이 중 지시하지 말아야 하는 이유는 분명합니다. 놀이의 주도권이 엄마에게로 넘어가기 때문입니다. 아이가 놀이의 주인공이 되어야 하는데 지시하는 순간 엄마가 주인이 되어버립니다. 아이주도놀이를 망치는 원인이 됩니다.

지시를 따라야 하는 아이는 놀이의 재미를 잃어버리게 됩니다. 때로 갈등의 원인이 되기도 합니다. 엄마의 지시를 따르지 않는 아이와 다툼이 일어날 수 있기 때문입니다.

물론 아이에게 지시의 말을 절대 하면 안 된다는 의미는 아닙니다. 일상에서는 지시하고 명령하는 상황이 생깁니다. 단, 아이주도놀이 상황에서는 하지 말아야 합니다. 왜냐하면 아이주도놀이에는 분명한 목적이 있기 때문입니다. 바로 아이와의 안정애착을 형성한다는 목적을 지닌 놀이 시간이기 때문입니다.

위의 퍼즐 맞추는 방법을 알려준 사례에서 엄마는 "구멍에 모양을 잘 맞춰서 넣어야지"라고 말했습니다.

이건 언뜻 지시처럼 보이지 않습니다. "이렇게 해"라고 직접적으로 지시를 내린 건 아니기 때문입니다. 그러나 부드럽게 말해도 엄마의 의견이 개입되면 지시와 명령으로, 간접 지시입니다.

게다가 엄마는 행동으로 아주 적극적인 개입을 했습니다. 아이의 기분도 모르고 엄마가 퍼즐을 맞춰버렸습니다.

놀이의 주도권을 엄마에게 빼앗긴 아이의 심정은 어떨까요?

놀이가 재미없어졌습니다. 기분도 상했고, 퍼즐도 제대로 맞추지 못했고…. 아이가 짜증을 내는 건 당연한 결과입니다.

행동으로 아이의 놀이에 개입하는 것은 지시보다 더 좋지 않습니다.

'띠띠뽀' 노래가 나오는 기차놀이의 버튼을 엄마가 꺼버립니다. 아이가 노래에 집착하자 다른 걸로 놀자며 놀잇감을 치워버립니다.

아이가 만든 성을 더 멋지게 완성해주기 위해 아이의 허락도 받지 않고 블록을 끼워넣습니다. 아이가 그리고 있는 그림에 불쑥 예쁜 색으로 칠해주겠다며 엄마 마음대로 색을 칠합니다.

이처럼 아이의 놀잇감에 마음대로 개입하는 것은 아이를 무시하는 것이고, 주도권을 빼앗는 것입니다. 아이의 상상력을 방해하는 것이고, 아이의 고유한 아이디어를 짓밟는 것입니다. 아이가 놀이에 흥미를 잃어버리게 되니 짜증을 내는 것은 당연합니다.

위의 사례에서 화가 나서 울고 있는 아이에게 엄마는 또다시 해결책을 제시합니다.

"그럼 다시 해, 다시 하자."

이것 역시 지시입니다. 속상한 마음을 알아주는 것까지만 하면 됩니다. 다시 할 것인지 아닌지에 대한 결정도 아이가 내려야 하는 것입니다.

때로 지시를 해야 할 상황이 생깁니다.

아이가 스카치테이프를 자르고 있습니다. 자르는 톱니가 무딘지 테이프가 잘라지지 않습니다. 테이프를 강하게 누르고 모서리 쪽에 힘을 주어서 잘라야 하는데, 아이는 같은 방식을 반복하니 잘라지지 않습니다.

엄마가 해주면 쉽겠습니다. 다행히 엄마는 기다리고 있습니다. 아이가 짜증을 내기 시작합니다. 그러자 기다리던 엄마가 말합니다.

"도움이 필요하면 엄마에게 도와달라고 말할 수 있어."

역시 교육을 받은 엄마답습니다.

이럴 경우 흔히 엄마들의 반응은 두 가지입니다.

하나는, 대신해줍니다.

"이리 줘 봐. 엄마가 잘라줄게."

다른 하나는 방법을 알려줍니다.

"끝을 꼭 눌러. 힘을 주고."

두 가지 방법 모두 지시와 개입입니다. 엄마 주도 방식인 것입니다.

아이는 자기 힘으로 끝까지 해보려고 했는데 엄마가 대신해주면 어떨까요? 화가 나죠.

방법을 가르쳐줄 수도 있지만 그보다는 스스로 알아내도록 기다려주는 것이 좋습니다. 자기 힘으로 해냈을 때의 성취감을 맛볼 기회를 주는 것입니다.

도와달라고 말하는 걸 가르치려고 아이에게 이렇게 말하기도 합니다.

"필요하면 도와주세요,라고 말해."

그러나 이것도 일종의 지시입니다. 이럴 때는 아이에게 선택의 기회를 줍니다.

"도움이 필요하면 엄마에게 도와달라고 말할 수 있어."

이 말은 도움을 요청해도 되고 안 해도 된다는 말입니다. 결정은 네가 하는 거야,라는 의미입니다. 이렇듯 선택의 기회를 열어줘 아이에게 주도권을 갖게 합니다.

도움을 요청하는 것은 좋은 일입니다. 누군가에게 도움을 요청하면 일이 쉽게 해결됩니다. 아이의 힘으로 잘리지 않는 스카치테이프에 계속 매달리면 짜증이 나고 결국 화를 내며 집어던지게 될 겁니다. 그런 행동은 엄마의 질책을 불러오게 되고요. 그러나 엄마에게 도움을 요청할 수 있다면 아이는 쉽게 일을 해결할 수 있습니다.

아이는 이런 경험을 통해 어려운 일은 누군가의 도움을 받을 수 있다는 걸 알게 됩니다. 자기 힘으로 안 될 때 화를 내지 않고 도움을 청하게 됩니다.

그러나 그 요청조차도 본인이 선택하고 결정해야 하는 것입니다. 자신이 해볼 것인지, 도움을 청할 것인지, 몇 번을 더 해보고 도움을 요청할 것인지를 주도적으로 선택하도록 기다려야 합니다.

2) 비난 혹은 틀린 것을 바로잡아 주는 말

"그런 말 하는 거 아니야."

"그렇게 만들면 안 된다고 했지."

"그건 시끄러우니까 저리 치워."

놀이 중 이런 말을 들었다면 어떨까요?

아이는 기분이 상합니다. 자기가 하고 싶은대로 마음껏 놀 수가 없고 엄마의 기분을 살피게 됩니다. 놀이가 재미없어질 뿐 아니라 몰입하기도 어렵습니다. 엄마의 부정적인 말은 아이의 자존감까지 떨어뜨립니다.

위의 퍼즐 사례에서 엄마는 "어~ 그렇게 하는 거 아니야~~ 구멍에 모양을 잘 맞춰야지"라고 했습니다.

이건 엄마의 비난에 해당합니다. 직접적인 비난은 아니더라도 부정적인 반응을 보인 것입니다.

엄마는 퍼즐을 제대로 맞추는 방법을 가르쳐줬을 뿐이라고 생각합니다. 그러나 방법이 아닌, 아이의 생각을 가르친 결과가 되었습니다. 무엇이 잘못되었을까요?

첫째, 부정적인 반응입니다.

아이와의 놀이에서 부정적인 언어 사용, 비난과 조롱 등은 아이의 기분을 상하게 합니다. 즐거운 놀이가 될 환경이 파괴되는 것입니다.

둘째, 틀린 것을 바로잡아 주었습니다.

이게 왜 잘못일까요? 틀린 것, 잘못된 것은 바르게 가르쳐 주어야 합니다. 그러나 놀이하는 지금 굳이 가르쳐주지 않아도 되는 것들이 있습니다. 나쁜 행실이거나 잘못된 행동이 아닌 지식적인 것들입니다. 가령 구멍에 모양을 잘 맞춰서 넣어야 한다는 방법적인 것은 지금 가르쳐주지 않아도 됩니다. 기다려주면 아이 스스로 터득하는 것입니다.

분홍색으로 하늘을 칠하는 것, 영어 B를 D라고 읽는 것, 남자 인형에게 여자 옷을 입히는 것 등등. 이러한 것들은 놀이 도중에 반드시 바로잡아줘야 하는 건 아닙니다. 잘못된 지식과 상황을 바로잡아 주는 것보다 더 중요한 것은 엄마가, 아빠가 자신을 인정해준다는 느낌을 주는 것입니다.

비난과 조롱까지는 아니어도 틀렸다는 부정적인 피드백 역시 좋지 않습니다. 아이가 거절당했다는 느낌을 받기 때문입니다. 자신의 말과 행위가 그대로 인정받지 못하고 거부당하는 느낌이 들기 때문에 부모와 친밀감을 형성하기 어려워집니다.

애착을 형성하는 아이주도놀이에서는 모든 부정적인 피드

백을 피해야 합니다.

3) 질문

질문은 아이와의 놀이에서 가장 많이 사용하는 대화 패턴입니다. 놀이 코칭을 받기 전 엄마와 아이의 놀이 모습을 살펴보면, 대부분의 엄마들이 끊임없이 질문을 합니다.

"이건 뭐야?"

"뭘 만들었어?"

"토끼는 지금 뭐하고 있는 거야?"

질문을 하지 말라고 교육 하면, 엄마들은 의아해하며 반문합니다.

"질문은 좋은 거 아닌가요?"

"아이의 놀이를 확장시켜주려면 질문이 필요한 거 아닌가요?"

"질문 안 하면 어떤 말을 하죠?"

질문 자체는 좋습니다. 질문을 하면 답을 찾기 위해 뇌가 일하기 시작합니다. 좋은 질문, 열린 질문을 할 때 사고가 확장되고, 두뇌가 활성화됩니다. 질문하는 학습법 하브루타가 좋은 이유입니다.

단, 질문할 때가 있고 하지 말아야 할 때가 있습니다.

평소 아이의 의견을 묻고 생각을 확장하는 열린 질문을 많이 하는 것은 좋습니다. 아이의 의견이나 생각을 묻는 것은 아이를 존중하는 태도입니다.

그러나 아이주도놀이에서 질문은 해가 됩니다. 아이가 마음껏 하고 싶은 말을 하고, 자신의 생각을 확장시키는데 방해가 됩니다.

아이주도 상호작용에서는 질문을 하지 않습니다. 왜냐하면 질문을 하는 순간 놀이의 주도권이 아이에서 부모로 넘어오기 때문입니다.

질문을 하면 아이는 대답을 해야 합니다. 자신의 생각과 상상의 세계를 끊고 엄마의 질문에 대한 답을 찾게 됩니다. 엄마가 놀이를 주도하는 상황이 되어 버립니다.

끊임없이 질문을 하게 되면 아이는 자기 세계에 빠져들 틈이 없습니다. 놀이에 몰입하지 못합니다. 놀이에 깊이 들어가지 못하니 재미를 느낄 수도 없습니다.

"이건 뭐야?"

"토끼가 차 위에 올라간 거야?"

"노래하는 거야?"

이렇게 정보를 묻는 질문이 있습니다.

"정리하지 않을래?"

"이렇게 하는 게 어때?"

"여기 앉아서 놀까?"

지시가 숨어있는 질문입니다. 질문이기도 하고 지시이기도 한 것입니다.

"어떻게 알았지?"

"와~그걸 다 기억했어?"

"어떻게 그런 생각을 했어?"

칭찬의 말을 질문처럼 하기도 합니다. 엄마는 칭찬의 말을 했는데 아이는 질문으로 듣습니다.

질문을 하면 아이는 엄마가 자기 말을 듣고 있지 않다고 생각합니다. 이해받지 못했다고 느낍니다.

누구나 상대가 자신의 말을 잘 듣고, 찬성한다는 느낌이 들어야 계속 말을 하고 싶어집니다. 잘 들어주면 기분이 좋아지고 더 많은 말을 하게 됩니다.

놀이에서 엄마가 질문을 하면 아이는 자신의 말을 듣지 않고 받아들이지 않는다고 느낍니다. 이것은 아이의 존재 자체를 받아들이지 않는 느낌과 연결됩니다. 안정애착을 형성하는

데 방해가 됩니다.

놀이에서 엄마들이 질문을 없애기까지 몇 주씩 시간이 걸리곤 합니다. 너무 익숙해 엄마 자신도 모르게 입에서 나옵니다. 해놓고는 아차, 하는 경우가 많습니다.

2개월 넘도록 질문 습관을 고쳐지 못하는 어머니가 있었습니다. 코칭을 하면서 거듭 지적했음에도 나아지질 않았습니다.

"얼굴이 분홍색인 거는 토끼가 부끄러워서 그래."

아이의 말에 엄마가 대꾸했습니다.

"아, 토끼가 부끄러워서 그래?"

엄마가 먼저 물어보는 질문도, 답을 원한 질문도 아니었습니다. 아이의 말을 반영해주는 말이었지만 뒷말을 올리는 바람에 질문으로 들렸습니다.

필자의 코칭에 엄마는 은연중에 반발심을 드러냈습니다. 누군가의 책, 혹은 강의에서 들은 내용을 꺼냈습니다. '아이의 말을 질문식으로 받아주는 것도 반영해주는 것이다'라고 했다면서.

물론 무반응보다는 낫습니다. 그러나 엄마가 질문으로 하지 않고 평범한 문장으로 반영해 줄 때, 아이는 훨씬 더 엄마가 자기 말을 잘 들어주고 있다고 느낀다는 것을 설명했습니다.

한 주 후 코칭 시간에 만났을 때, 엄마와 아들의 분위기는 아주 화기애애했습니다. 엄마는 질문투의 반영을 바꾸어 대화해 주었고, 아이가 한 주 동안 매우 친절해졌다고 했습니다.

질문식의 반영도 질문입니다. 이 역시 아이에게는 질문으로 느껴집니다. 온전히 엄마로부터 공감받았다는 느낌이 들지 않기 때문에 질문 자체를 피하는 것이 좋습니다.

아이주도놀이 중 사용해야 하는 세 가지 기법

1) 언어 반영

아이와의 애착을 이루는 아이주도놀이 중 사용할 기법 중의 하나는 언어 반영입니다.

방법은 의외로 쉽습니다. 앵무새처럼 아이의 말을 따라 하는 것입니다.

설마? 너무 쉬워서 무슨 효과가 있겠어? 하고 의구심을 갖을 만합니다. 그러나 아이의 말을 따라 하는 언어 반영법은 모든 대화법에서 강조하는 핵심입니다.

이마고 부부대화에서는 미러링(Mirroring), 즉 거울요법이 전부라고 할 수 있습니다. 남편이 한 말을 아내가 변명이나 항변하지 않고 그대로 되풀이하도록 합니다. 그리고 "더 할 말이 있나요?"라고 묻습니다. 하고 싶은 말을 다 할 때까지 내 생각을 보태지 않고 반영해주는 것입니다. 그러다 보면 말 한 사람은 비로소 상대가 내 말을 다 들었다고 느끼면서 쌓인 감정이 풀리게 됩니다.

앵무새 대화법, 거울요법, 경청하기 등등은 모두 상대가 한 말을 그대로, 혹은 일부 변형해서 따라하는 언어 반영의 형태입니다. 이렇게 쉬운 방법을 우리는 일상에서 제대로 사용하지 못합니다. 상담자의 도움을 받아야 할 정도로.

남편과 나의 대화라고 상상하며, 다음의 두 대화를 비교해 봅니다. 퇴근하고 돌아온 남편에게 아내가 말합니다.

아내: 오늘 우리 별이 때문에 나 너무 힘들었어.

남편: 그럼 이제 내가 별이랑 놀아줄게, 좀 쉬어.

남편은 아내가 종일 아이 때문에 힘들었다고 하니 이제 좀 쉬라고 해결책을 제시해 줍니다. 아내의 말을 안 들었을까요? 물론 들었습니다. 아내의 마음은 어떨까요? 충분히 위로가 되었을까요?

이와 다른 식의 대화가 있습니다.

아내: 오늘 우리 별이 때문에 나 너무 힘들었어.

남편: 당신 오늘 별이 때문에 힘들었구나. 그럼 이제 내가 별이랑 놀아줄게, 좀 쉬어.

어떤 대화가 더 마음에 와닿으시나요? 남편의 어떤 대답이 내 말을 더 잘 들었다는 생각이 들까요? 당연히 나중 대화입니다.

물론 이제부터 자기가 도와줄 테니 쉬라는 남편의 말은 고맙습니다. 그러나 그 말로 힘든 아내의 마음은 공감받지 못한 느낌입니다.

두 번째 대화에서 남편은 별다르게 아내의 힘든 마음에 공감하는 말을 하지 않았습니다. 그저 아내가 한 말을 반복해 따라해 주었을 뿐입니다. 그러나 듣는 사람은 충분히 공감받은 느낌이 듭니다. 힘든 마음을 알아준 것 같습니다.

이처럼 언어 반영해 준 이후에는 해결책을 줘도 되고, 의견을 제시해도 됩니다. 두 번째 대화에서 아내는 남편의 언어 반영을 통해 자신의 힘든 마음이 위로받았기에 이후의 어떤 말도 개의치 않게 됩니다.

공감 대화를 하려면 흔히들 감정 단어를 떠올립니다. "속상했겠다" "슬펐겠다" "억울했겠다" 등의 감정 단어들을 사용해야 한다고 생각합니다. 그러나 적절한 감정 단어를 떠올려 공감의 말을 해주는 것은 쉽지 않습니다. 이럴 때 상대의 말을 따라해 주는 것만으로도 충분히 공감의 느낌을 줍니다. 상대는 내 말을 잘 들어주었다고 느낍니다.

이처럼 상황과 대화의 문맥을 유추하고 파악하는 능력이 있는 어른조차도 상대가 내 말을 따라해 줄 때, 훨씬 공감받고 인정받는 느낌이 듭니다.

아이들은 어떨까요? 언어 이해 능력이 부족한 아이에게는 더욱 중요합니다. 엄마가 아이의 말을 따라해 주는 것은 아이의 말에 동의, 곧 공감한다는 의미입니다.

아이는 자기 말을 잘 들어줄 때 인정받고 존중받는다는 느낌을 받습니다. 엄마가 자신을 소중히 여기며 사랑하고 있다는 점을 확인하게 됩니다.

"사자가 나무에서 열매를 따 먹고 있어."

"사자가 나무 열매를 먹는구나."

"사자는 과일을 좋아해."

"아~~ 사자는 나무 열매랑 과일을 좋아하는구나."

아이의 말이 때로 틀렸을지라도 그대로 따라 해줍니다.

"사자는 육식동물이어서 나무 열매나 과일은 먹지 않아. 사자는 약한 동물들을 잡아 먹어."

이렇게 수정해줄 필요가 없습니다. 상황에 맞지 않는 말을 할지라도 인정해줍니다. 시간이 지나면 아이 스스로 수정하게 됩니다. 그러므로 지금 올바른 지식을 가르쳐주기보다 아이가 인정받고 있다는 감정을 얻는 것이 훨씬 중요합니다.

"사자는 지금 배가 고파. 그래서 나무에 올라가서 열매를 따 먹는 거야."

"사자가 배가 고파서 나무 열매를 먹는구나."

"그런데 사자는 나무 열매가 맛이 없었대."

"아하~~ 맛이 없었구나."

"그래서 내려와서 토끼를 잡아먹었대."

"이번에는 토끼를 잡아먹었구나."

아이가 맞다고 하면 맞는 것이고, 틀리다고 하면 틀린 것으로 그대로 따라서 말해주면 됩니다.

일상에서 어떻게 아이의 말을 맞다고만 할 수 있냐고 질문합니다. 맞습니다. 그럴 수는 없습니다. 엄마도 할 말이 많습니다. 그러나 엄마의 말은 아이가 한 말을 먼저 따라 해준 다음에 하면 됩니다.

"사자가 토끼를 잡아먹었구나. 맞아, 사자는 나무 열매 같은 건 안 먹고, 주로 약한 동물들을 잡아먹어. 육식동물이라고 하지."

이렇게 말할 수도 있습니다.

엄마가 아이의 말을 따라 해주고 나서 엄마의 의견이나 생각을 말하면 됩니다.

아이의 말을 따라 해주면 아이는 인정받고 존중받는 느낌을 받습니다. 엄마가 자기가 한 모든 말을 맞다고 말해주니 엄마에게 인정받고 사랑받는다고 느끼게 됩니다.

아이가 하는 말을 따라 하지 않고 엄마의 말만 하면 어떨까요?

"사자는 나무 열매 같은 건 안 먹어. 고기를 먹는 육식동물이거든."

이때 어떤 느낌을 먼저 받을까요. 아이는 자신의 말이 틀렸다는 것보다 자기가 틀렸다는 느낌을 가지게 됩니다.

'나는 항상 틀려. 나는 못 해. 나는 멍청해.'

엄마는 틀린 말을 고쳐줬는데 아이는 자기 존재 자체가 거부당하는 느낌을 받습니다. 그리고는 자신을 깎아내리게 됩니다.

엄마가 잘 들어주지 않는다고 느끼면, 아이는 엄마 앞에서 입을 다물게 됩니다. 인정받지 못하니 더는 말하고 싶지 않습니다. 또 틀렸다고 말할지 모르니까 아예 말을 하지 않는 것입니다. 당연히 관계가 나빠집니다. 말 대신 짜증으로 반응합니다.

"저희 아이는 수학 문제 틀린 거를 고쳐줘도 화를 내요."

이렇게 하소연하는 엄마가 있었습니다.

아이의 행동을 잘못했다고 말한 것도 아니고, 수학 문제 틀린 것을 지적했을 뿐이었습니다. 그럼에도 화를 내는 아이를 엄마는 이해할 수 없었습니다.

같은 이치입니다. 엄마는 단지 문제를 지적했습니다. 하지만 아이는 자신을 지적했다고 받아들였습니다. 틀린 지식을 바로 잡아주는 것보다 관계를 상하지 않게 하는 것이 더 중요합니다.

물론 틀린 수학 문제를 맞았다고 할 수는 없습니다. 다만 아이가 그런 반응을 보인다면 애착 관계를 먼저 돌아보아야 합니다. 애착이 잘 형성되어 엄마의 사랑을 충분히 느낀 아이는 틀린 수학 문제를 지적한다고 화내지 않습니다.

아이의 말을 따라 해주는 언어 반영은 엄마가 아이의 의견에 동의하고 있다는 느낌을 줍니다. 이것은 '네 말이 맞아'라는 의미를 넘어섭니다. '너는 맞아. 네가 하고 있는 생각은 다 맞아. 나는 너의 생각과 말, 모든 것을 존중해'라는 의미입니다.

엄마에게 이러한 메시지를 받은 아이는 어떨까요?

인정해주는 엄마 앞에서 눈치 보고 기죽을 필요가 없습니다. 이 말을 하면 혼날지도 모른다고 주저할 까닭도 없습니다. 아이는 자유로워집니다. 마음이 편안합니다. 비로소 아이가 지닌 본연의 모습이 나오게 됩니다.

아이주도놀이는 아이가 놀이를 이끕니다. 대화 역시 아이가 이끌어가도록 할 때 아이의 주도성이 확보됩니다. 엄마가 질문과 비난을 하지 않고 아이가 하는 말에 언어 반영만 해줄 때 아이는 떠오르는 모든 생각을 말하게 됩니다.

언어 반영은 엄마가 아이의 말을 따라가는 것입니다. 먼저 제안하거나 개입하지 않고, 아이가 하는 말을 뒤에서 따라가는 것입니다. 이를 통해 아이의 언어적 기능이 향상됩니다. 말을 많이 하게 되고 엄마와의 관계가 좋아집니다.

2) 행동 묘사

아이주도놀이에서 엄마는 아이의 말과 행동을 주목합니다.

아이가 말을 하면 따라 해주면서 언어 반영을 합니다. 아이가 말을 하지 않고 놀이에 집중할 때는 아이의 행동을 묘사해 줍니다.

"고양이를 그리고 있구나."

"노란색으로 고양이 얼굴을 칠하네."

"발톱을 뾰족하게 그리고 있네."

아이가 하는 행동을 눈에 보이는 대로 표현해 주면 됩니다.

행동 묘사할 때 주의해야 할 점이 몇 가지 있습니다.

첫째, 눈으로 확인되지 않은 표현은 삼가는 것이 좋습니다.

"장화 신은 고양이를 그리려고 하는구나."

엄마가 아이의 행동을 묘사했습니다. 그러자 아이가 말합니다.

"아닌데, 붕대인데, 붕대를 감은 고양이야."

추측을 하게 되면 아이의 의도와 다른 묘사를 하게 됩니다.

"아하, 붕대를 감은 거구나."

이렇게 바꿔주면 되지만 때로는 아이의 의도와 많이 빗나가기도 합니다.

"고양이를 자동차에 태우고 싶구나."

엄마의 추측과 달리 아이는 고양이를 바닥에 내려놓습니다. 이렇게 엄마의 추측이 들어 있는 행동 묘사는 아이의 의도와 어긋나는 경우가 많습니다. 따라서 눈으로 확인되는 행동을 있는 그대로 표현해 주는 것이 좋습니다.

둘째, 장난감의 행동을 묘사하는 것이 아니고 아이의 행동을 묘사해 줍니다. 놀이의 주인공은 장난감이 아니라 아이이기 때문입니다.

"비행기가 날아가네"가 아니고 "달이가 비행기를 날려주네"라고 표현해 줍니다. "호랑이가 높은 곳에서 뛰어내렸네"라고 하지 않고 "달이가 호랑이를 내려주었네"라고 말하는 것입니다.

항상 행동 묘사의 주인공은 놀이하는 아이가 되도록 해줍니다. 그럴 때 아이는 엄마가 자신에게 집중하고 있음을 느끼게 됩니다.

역할놀이에 빠지면 엄마들이 코칭받은 부분들을 놓쳐버립니다. 역할놀이 속 인물이 되어 버리니 언어 반영도 행동 묘사도 구체적 칭찬도 할 틈을 잡지 못하는 것입니다.

역할놀이 속 인물이 되어도 같은 기법을 사용해 주면 됩니다. 친구 역할을 하면서 언어 반영해 주고 구체적 칭찬을 해주면 아이는 친구에 대해 좋은 이미지를 갖게 됩니다.

그러나 역할놀이에서 종종 빠져나와 엄마 본연의 기술들을 사용해 주는 것이 좋습니다. 역할놀이에 빠져있으면 엄마와 아이의 상호작용이 아닌 놀이 속 인물과의 상호작용이 되어 버리기 때문입니다.

아이의 행동을 묘사해 주는 것은 심리적으로 안정감을 줍니다.

엄마가 자기만 바라보며 행동을 묘사해 주니 아이는 엄마의 관심과 사랑을 듬뿍 받고 있다고 느낍니다.

엄마의 지지와 인정을 느낍니다. 엄마가 자신의 행동을 틀렸다고 하지 않고 못 하게도 하지 않습니다. 행동을 말로 표현해 주니 아이는 엄마가 자신의 행동을 맞다고, 잘하고 있다고 인정해 주는 것처럼 느낍니다.

이처럼 행동 묘사는 있는 그대로 자신의 행동을 인정받는 느낌을 주기 때문에 심리적으로 안정되고 엄마와의 친밀한 관계가 형성됩니다.

엄마가 자기만 바라봅니다. 자신의 행동을 말로 표현해 줍니다. 아이는 기분이 좋아 놀이에 집중하게 됩니다. 엄마의 인정을 받으니 놀이가 재미있습니다. 놀이에 몰입하게 됩니다.

집중과 몰입의 경험은 무척 중요합니다. 놀이에 몰입해 보지 않은 아이는 다른 분야에서도 몰입을 경험하지 못합니다.

집중과 몰입은 재미가 없으면 불가능합니다. 놀이의 재미에 흠뻑 빠질 때 집중하고 몰입하게 됩니다. 엄마의 행동 묘사는 놀이에 집중하게 합니다. 놀이가 재미있어지고 몰입하게 됩니다.

엄마의 행동 묘사를 통해 아이들은 다양한 언어 표현을 배우게 됩니다.

엄마의 부드러운 말, 친절한 표현은 좋은 언어 사용의 모범이 됩니다. 엄마의 행동 묘사에서 사용되는 새로운 어휘들은 아이들의 언어를 확장시키는데 도움이 됩니다.

"할아버지가 목발을 했네."

"목발이 뭐예요?"

모르는 어휘가 등장하면 아이들은 질문을 하게 되고, 엄마의 설명을 통해 아이는 새로운 단어를 알게 됩니다. 엄마의 표현을 통해 상황에 맞는 언어의 사용에 대해서도 알게 됩니다. 언어의 폭이 넓어지는 것입니다.

3) 구체적 칭찬

'칭찬은 고래도 춤추게 한다'라는 책이 있습니다. 사람들의 머릿속에 칭찬의 중요성을 각인시킨 책의 제목입니다.

칭찬받기 원하는 마음, 단지 아이들에게만 있는 걸까요?

명절 스트레스에 시달리는 엄마들. 명절에 시댁에 가서 스트레스 받았는데 돌아오는 차 안에서 남편이 고맙다고 칭찬한다면 어떨까요? 위로가 되겠죠.

일하는 엄마나 아빠의 매일매일 힘든 회사 생활, 단지 돈 때문일까요? 능력을 인정받고 그로 인해 승진할 때의 만족감도 회사 생활을 하는 이유의 하나일 겁니다. 이처럼 칭찬과 인정은 우리가 살아가는데 필요한 에너지원입니다.

우리는 모두 칭찬을 원합니다. 칭찬은 위로이기도 하고 격려이기도 합니다. 나의 가치를 인정해주니 살아가는 힘을 얻습니다.

어른도 그렇다면 아이들에게는 어떨까요?

부모는 아이에게 절대적인 존재입니다. 모든 판단의 기준입니다. 가령 도둑질을 했는데 부모가 잘했다고 한다면 아이는 도둑질이 옳은 일이라고 생각합니다. 물론 도둑질을 잘했다고 말할 부모는 없지요. 아이는 도덕적인 기준으로 판단하는 것이 아니라 부모의 반응에 의해 옳고 그름을 판단하게 된다는 말입니다.

그만큼 절대적인 영향을 미치는 부모님입니다. 그런 부모가 해주는 칭찬의 말. 그것은 단순한 위로와 격려가 아닙니다. 자기의 존재를 인정받는 엄청난 기쁨입니다. 다소 과장을 하면, 부모의 칭찬을 받는 것이 아이들 삶의 목적이기도 합니다.

칭찬의 힘이 그렇게 크지만, 그렇다고 모든 칭찬이 다 좋은 것은 아닙니다.

평가적인 칭찬은 좋지 않습니다. '착하다' '예쁘다' '똑똑하다' 등 아이의 인격을 평가하는 칭찬은 매우 주관적이어서 오히려 해를 끼칠 수도 있습니다.

칭찬을 들은 아이는 기분이 좋습니다. 그러나 어떻게 해야 계속 칭찬을 받을 수 있는지는 알지 못합니다. 부모의 눈치를 살피게 되고 칭찬을 듣지 못할 때 좌절합니다.

칭찬의 목적은 칭찬을 통해 아이의 자존감을 높이는 것입니다. 칭찬으로 아이의 행동을 변화시키고, 계속 좋은 행동을 하는 사람이 되도록 독려하는 것입니다.

아이를 바람직한 행동으로 이끄는 칭찬에 대해 알아봅니다.

칭찬에는 두 종류가 있습니다.

첫째, 일반적인 칭찬입니다.

"잘했어."

"짱이야."

"훌륭해."

"멋지다."

이러한 칭찬에는 방법이 들어있지 않습니다.

칭찬을 받으면 기분이 좋습니다. 자기가 괜찮은 아이인 거 같아서 행복해집니다. 그 좋은 감정을 계속 유지하고 싶어 합니다. 하지만 아이는 어떻게 하면 계속 칭찬을 듣게 되는지 알 수가 없습니다. 방법을 알지 못하니 아이는 부모의 눈치를 봅니다. 언제 칭찬을 듣게 될지 기다리며 엄마의 기분을 살피게 됩니다.

일반적인 칭찬에는 방법이 없습니다. 무엇을 잘했는지, 어떤 행동이 훌륭하고 멋졌는지 제대로 설명해주지 않았습니다. 아이는 어떤 행동이 칭찬받는 행동인지 배우지 못했습니다.

둘째는 구체적인 칭찬입니다.

"조심조심 잘 끼웠어."

"친구를 옆에 태워주는 건 좋은 생각이야."

"친구와 사이좋게 놀아서 멋졌어."

무엇을 잘했는지, 어떤 생각이 좋고, 어떤 행동이 멋진 건지를 구체적으로 말해주는 것입니다. '~~을'에 해당하는, 구체적인 이유를 들어서 칭찬해 줍니다.

그럴 때 아이는 배우게 됩니다.

'조심하는 것은 잘하는 거구나.'

'친구를 옆에 태워주는 건 좋은 거구나.'

'친구와 사이좋게 노는 것은 멋진 행동이구나.'

아이는 이제 알았습니다. 어떻게 행동할 때 칭찬받는 건지 알게 되었으니 칭찬받고 싶어 엄마의 눈치를 살필 필요가 없습니다. 그대로 행동하면 됩니다. 난폭하게 하지 않고 조심조심 장난감을 다루고, 친구와 사이좋게 놀게 됩니다.

구체적인 칭찬을 들으면 기분이 좋습니다. 엄마가 잘했다고 인정해 주는 거니까요. 구체적인 칭찬은 아이를 행복하게 합니다. 기분이 좋아지고 놀이가 즐거워집니다. 자신이 괜찮은 사람이라고 느껴지면서 자존감이 올라갑니다.

평가적인 칭찬, 일반적인 칭찬이 아닌 구체적인 행동을 칭찬할 때 엄마와 아이의 안정애착이 형성됩니다.

어떻게 칭찬해야 하는지는 알았습니다. 그러나 중요한 것은 언제 칭찬하느냐입니다.

하루에 몇 번이나 칭찬의 말을 하는지 헤아려 봅시다. 아이가 칭찬받을 행동을 해야 칭찬한다고 생각한다면 하루종일 칭찬의 말을 할 기회는 없을 지도 모릅니다. 아이는 칭찬받을 행동보다 지적받을 행동을 더 많이 하기 때문입니다.

아이의 행동이 먼저가 아니라 엄마의 칭찬이 먼저입니다. 엄마가 칭찬을 하면 아이는 칭찬받을 행동을 하게 됩니다.

밥을 먹고 양치를 하고 세수를 하는 것, 옷을 입고 유치원에 가는 것, 이 모든 일상이 칭찬거리입니다. 대개 부모들은 일상의 모든 일은 당연히 해야 할 일이고, 그 일을 제대로 하지 않을 때 지적합니다.

아침에 시간은 촉박한데 느리게 움직이는 아이를 향해 잔소리를 퍼붓습니다. 아이는 점점 더 느려지고 엄마의 목소리는 점점 커집니다.

반대로 해야 합니다. 아침마다 느리게 움직이던 아이가 어느 날 냉큼 세수를 하러 갔다면 마구 칭찬을 합니다.

"우리 별이가 스스로 세수를 잘하는구나."

"엄마가 바쁜데 우리 달이가 세수도 잘하고 엄마를 도와줬네, 고마워."

엄마의 칭찬에 아이는 기분이 좋아집니다. 느리게 하지 않고 알아서 세수를 잘 할 때 엄마의 인정을 받는다는 것을 알게 됩니다. 아이는 칭찬받은 행동을 계속 하고 싶어집니다. 아이의 행동이 좋은 행동으로 바뀝니다.

긍정적인 방법으로 아이의 행동을 바꾸고 자존감을 높이는 것, 그것이 칭찬의 목적입니다. 일상의 사소한 행동을 구체적으로 칭찬할 때 목적을 이룰 수 있습니다.

변화는 놀이에서 시작됩니다. 엄마들은 아이주도놀이에서 칭찬을 연습합니다. 사소한 모든 행동을 익숙하게 칭찬하게 될 때까지 연습하다 보면 어느덧 아이의 달라진 모습을 보게 됩니다.

놀이 중
돌발상황 대처하기

1) 사소한 감정 표출은 무시하기

"엄마 쾅~~, 쾅 했어."

3세 지안이는 수시로 자동차를 난폭하게 부딪히며 말합니다. 크레인이 구조해 줄 거라며 높은 곳에서 자동차를 떨어뜨립니다.

엄마는 지안이의 과격한 행동이 못마땅합니다.

"그러면 자동차가 아파."

"쾅 하면 안 돼."

엄마의 말에도 지안이의 행동은 달라지지 않습니다. 보란 듯이 더 세게 자동차를 부딪힙니다. 그리고는 엄마를 힐끔 쳐다봅니다. 엄마가 어떤 말을 할지 알지만 나는 내 맘대로 할 거야,라고 눈빛으로 말하는 듯합니다.

이처럼 아이들의 행동은 엄마의 훈계에도 달라지지 않습니다. 엄마는 부정적인 말이 아이에게 먹히지 않는다는 것을 알면서도 멈추지 못합니다. 아이의 행동을 통제하는 다른 방법을 알지 못하기 때문입니다.

부정적인 아이의 행동에 대처하는 방법은 '무시하기'입니다.

관심을 보이지 않는 것입니다. 엄마는 아이의 행동을 쳐다보지 않습니다. 시선을 옆으로 돌리고 아이에게 관심을 주지 않습니다. 곁에 머물러 있되 엄마가 하던 일을 합니다.

'엄마 지금 화났어'라는 느낌은 아닙니다.

'나는 너의 그런 행동에 관심이 없어'라는 정도면 됩니다.

더 중요한 것은 다음 단계입니다.

끝까지 무시하면 아이는 엄마의 사랑이 떠나버린 느낌을 받을 수 있습니다. 버림받고 방치된 느낌을 받게 됩니다.

분명한 사실은, 엄마는 아이의 나쁜 행동에 관심이 없는 것이지 아이에게 관심이 없는 것은 아닙니다. 아이의 나쁜 행동을 고치려는 것입니다. 그 행동 때문에 아이를 사랑하지 않는 것은 아닙니다. 아이가 그 차이를 알아야 합니다.

그래서 아이의 나쁜 행동이 멈추기를 기다렸다가 아이가 좋은 행동을 보일 때, 바로 칭찬을 해줘야 합니다. 자동차를 부딪히는 행동에는 아무런 반응도 보이지 않다가 다시 자동차를 바닥에서 굴리기 시작하면 칭찬을 하는 것입니다.

"자동차를 예쁘게 운전해 주네."

"자동차를 안전하게 주차시켰네. 너무 잘했다."

이렇게 좋은 행동을 보이자마자 칭찬을 해주는 것입니다.

아이는 자신이 나쁜 행동을 할 때는 엄마의 관심이 떠나고 좋은 행동을 하면 칭찬을 듣는다는 것을 알게 됩니다. 반응의 차이를 알게 되는 것입니다. 그러면 아이는 나쁜 행동을 멈추고 좋은 행동을 하게 됩니다. 엄마의 사랑과 관심을 받는 방법을 알았기 때문입니다.

물론 한 번의 무시하기로 나쁜 행동을 고칠 수는 없습니다. 하지만 부모가 일관적으로 반응하면 아이의 나쁜 행동은 반드시 수정됩니다.

언어 반영으로 친절하게 말해주던 엄마가 무반응을 보이자, 지안이는 계속 엄마의 반응을 유도했습니다.

"엄마, 쾅~~했어. 쾅, 쾅 했어,"

"엄마, 쾅했다구~~~, 엄마 쾅."

아이는 엄마를 쳐다보며 거듭 말했습니다.

엄마는 아이의 말에 반응하지 않고 침묵을 지켰습니다. 잠시 후 아이가 다른 행동으로 넘어가자 엄마는 행동을 친절하게 묘사해 주고 칭찬해 주었습니다.

지안이의 공격 행동은 점점 줄어갔습니다. 자동차를 부딪히는 과격한 행동도 높은 곳에서 던지거나 떨어뜨리는 행동도 사라졌습니다.

아이는 엄마의 관심과 칭찬을 받을 만한 행동을 하고 싶습니다. 나쁜 행동은 점점 줄어들고 칭찬받을 좋은 행동을 하게 됩니다. 엄마의 무시하기가 사랑을 영원히 거두어가는 것이 아니라는 것도 알게 됩니다. 좋은 행동을 바로 칭찬하기 때문입니다. 나쁜 행동을 하지 않으면 엄마의 관심은 계속될 것임을 알게 되는 것입니다.

아이는 오히려 쉬워집니다. 나쁜 행동, 엄마가 관심을 보이지 않는 행동은 하지 않으면 되니까요. 좋은 행동을 하면 칭찬이 돌아오니 어떻게 행동해야 하는 건지도 알게 됩니다.

엄마에게 미움받고 싶은 아이는 없습니다. 엄마의 말을 안 들어서 엄마와 사이가 나빠지고 싶은 아이는 없습니다.

다만 아이는 잘 모릅니다. 어떻게 행동해야 하는 건지를요. 어떻게 해야 엄마의 칭찬을 받고 사랑을 받을 수 있는지를 잘 모를 뿐입니다.

자동차가 부서질 수 있으니 예쁘게 가지고 놀라고 말로 설명해줬는데 아이는 왜 따르지 않을까요?

첫째, 그 설명은 잘못된 행동에 대한 비난이고 질책이기 때문입니다. 엄마는 나쁜 행동을 지적했는데 아이는 자신에 대한 비난으로 느낍니다. 엄마는 날 싫어해, 엄마는 나에게 반대해, 난 나쁜 아이야. 아이의 마음에 부정적 감정이 쌓이게 됩니다.

둘째, 아이에겐 엄마의 부정적 잔소리도 일종의 관심입니다. 일단 엄마가 반응을 보이면 아이는 관심을 받은 것입니다. 목적을 이룬 것이죠. 계속 관심을 받기 위해 반복 행동을 하게 됩니다.

나쁜 행동을 무시하고 좋은 행동을 칭찬하면, 아이는 소리 없이 행동을 바꿉니다. 계속 칭찬을 듣고 싶은 아이는 엄마가 반응해 주는 좋은 행동을 하게 됩니다.

무시하기는 훈육의 첫걸음입니다.

아이의 나쁜 행동에 엄마도 화를 내며 반응하게 되면 엄마의 권위가 무너지고 오히려 그 행동은 나아지지 않습니다. 엄마의 잘못된 대응 때문에 아이와 불안정한 애착을 형성하게 되고 문제 행동은 점점 심해지게 됩니다.

무시하기는 아이의 자존감을 해치지 않으면서 긍정적인 방법으로 아이를 훈육하는 1단계입니다. 아이의 사소한 감정의 폭발에 무시하기로 대처하면 생각보다 쉽게 아이의 행동을 변화시킬 수 있습니다. 물론 엄마도 화를 내지 않게 되니 편안해집니다.

2) 폭력적인 상황에서는 놀이 종료

모든 상황에서 아이의 행동을 무시해야 하는 건 아닙니다. 무시하기 해야 할 때가 있고, 무시하면 안 되는 상황도 있습니다. 언제 어떤 행동을 할 때 무시해야 할까요?

무시하기는 보통 감정과 관련되어 있을 때 사용합니다.

자기 뜻대로 안 된다고 짜증을 낼 때, 무너진 장난감 때문에 화를 낼 때, 심통을 내며 나쁜 말을 할 때, 자기 말을 안 들어주었다고 삐칠 때, 이유없이 고집부리고 울 때 등등 뭔가 불편한 감정을 표출할 때입니다. 그럴 때 엄마들은 그 감정에 끌려들어 갑니다. 같이 화를 내거나 달래서 멈추게 하려고 애씁니다. 아이의 짜증과 울음이 엄마에게 전이되어 참기 힘들어지기 때문입니다.

무시하기는 그 감정의 연결을 끊는 것입니다. 아이의 감정은 아이의 몫입니다.

불편하면 울어도 돼, 짜증내도 돼, 화내도 돼, 그러나 난 거기에 관심이 없어. 이러한 자세를 취하는 것입니다.

자기 감정을 스스로 다스리는 것을 훈련해야 합니다. 그것이 감정 조절입니다. 짜증을 낼 때마다 엄마가 달래주었다면 아이는 불편한 감정이 올라왔을 때 누군가가 대신 해결해 주기를 기다립니다. 엄마가 달래주어야 하고, 친구가 사과해 줘야 감정이 가라앉게 됩니다. 감정을 가라앉히기까지 시간도 많이 걸립니다.

한편 짜증을 낼 때 엄마가 같이 화를 내는 것으로 반응했다면 아이는 더 강한 사람이 눌러주어야 감정이 가라앉게 됩니다. 감정이 해소되는 느낌보다는 늘 불만과 불평이 가라앉아 있는 상태여서 더 자주 감정이 폭발할 수 있습니다.

짜증이 폭발한 아이를 무시했다가 좋은 행동에 칭찬하면 아이의 감정은 빠르게 내려갑니다. 어떤 행동을 할 때 엄마의 관심을 받는지 알게 되었기에 이제 자기의 감정을 스스로 조절하게 됩니다.

무시하기는 이처럼 아이의 문제 행동이 공격적이거나 파괴적이지 않을 때, 부적절한 감정의 표현일 때 사용합니다.

반면 엄마를 때리거나 물건을 던지는 등의 위험한 상황에서는 무시하기 기술을 쓰지 않습니다. 위험한 상황에서는 즉시 아이의 행동을 막아 안전한 곳으로 이동시키고 놀이를 중단합니다.

"네가 이런 행동을 해서 우리는 오늘 더 이상 놀이를 할 수 없어."

이렇게 말하며 놀이 상황을 정리합니다.

물론 아이는 안 된다며 떼를 쓰고 매달릴 겁니다. 다시 안 그러겠다고 협상을 할 수도 있어요. 그럴 때 엄마가 "알겠어. 다신 그러지 마" 하며 자신의 말을 번복하면 안 됩니다.

"아니, 오늘은 네가 엄마를 때렸기 때문에 더 이상 놀 수 없어. 하지만 내일은 놀 수 있어. 우린 내일 다시 놀 거야."

이렇게 말하고 상황을 종료해야 합니다.

오늘은 더 이상 놀 수 없다는 것은 아이의 행동에 따른 결과입니다. 아이가 받아들여야만 합니다. 여기서 중요한 것은 '그러나 내일은 다시 놀 수 있어'라는 말입니다.

놀이를 중단한 아이는 억울합니다. 더 놀고 싶은 마음이 큽니다. 자기가 잘못한 행동은 생각도 못 하고 놀이를 할 수 없다는 사실만이 억울합니다. 따라서 필사적으로 떼를 쓸 겁니다. 그러나 엄마는 일관되게 '오늘은 끝났다'는 원칙을 유지해야 합니다. 엄마가 끝까지 원칙을 지키면 아이는 포기합니다. 그때 내일 다시 놀 수 있다는 말은 아이에게 위안을 줍니다. 억울하지만 참을 수 있게 됩니다.

이러한 과정을 통해 아이는 생각하게 됩니다.

'엄마를 때리니까 놀이를 못 하는구나.'

'물건을 던지니까 재미있는 놀이 시간이 없어지는구나.'

자신이 손해 보는 결과를 통해 아이는 비로소 어떻게 행동해야 하는지 알게 됩니다. 자기 행동의 원인과 결과를 생각하게 되고, 행동을 조절하게 됩니다. 아이는 앞으로 재미있는 시간을 손해 보지 않기 위해 폭력적인 행동을 자제할 것입니다.

이것이 바로 사고력입니다. 생각하는 힘을 길러줘야 아이들의 행동이 달라집니다. 엄마의 일방적인 가르침으로 아이들의 생각은 자라지 않습니다.

"엄마 말 잘 들어."

"엄마가 시키는 대로 해."

이렇게 말하며 일방적인 지시만을 따르게 하면 아이는 성장하지 못합니다. 스스로 생각해서 판단하고 결정하는 기회를 주지 않았기 때문입니다.

부적절한 행동을 할 때는 그 행동을 말로 혼내지 않고, 무시하기로 대처합니다. 아이는 어떤 행동이 좋은 행동이고 어떤 행동이 나쁜 행동인지, 그리고 자신이 엄마의 사랑을 받기 위해서는 어떻게 행동해야 하는지 생각하고 행동하게 됩니다.

폭력적인 행동을 할 때는 벌을 세우거나 혼내지 말고, 놀이를 중단하는 일관된 방식으로 대처합니다. 아이는 단호한 엄마의 태도를 통해, 그리고 즐거움을 빼앗긴 경험을 통해 다시는 그러지 말아야겠다고 생각하고 앞으로의 행동을 조절하게 될 것입니다.

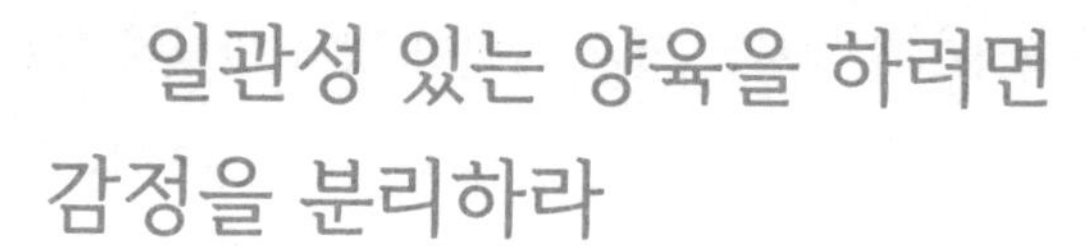

일관성 있는 양육을 하려면 감정을 분리하라

일관성 있는 양육이란, 엄마의 감정과 기분, 상황에 따라 달라지지 않는 양육 태도를 말합니다.

양육에서 일관성을 유지하는 건 매우 중요합니다. 대부분의 부모들이 잘 알고 있습니다. 그러나 막상 현실에서는 제대로 이뤄지지 않습니다.

가령, 유튜브를 하루에 30분만 보기로 아이와 약속합니다. 그러나 약속은 쉽게 깨집니다. 아이가 조용히 기다려야 할 상황에서 스마트폰보다 효력이 빠른 약은 없기 때문입니다. 엄마의 필요에 의해 약속이 깨진 경우입니다.

한편 아이의 성화에 그만 무너지기도 합니다. 집요하게 조르거나 울면서 떼를 쓰면 도리없이 "이번만이야"라며 허락합니다. 결국 일관성 없는 엄마가 되고 맙니다.

부모가 일관성을 유지하는 것은 아이의 정서 발달에 도움이 됩니다.

사람은 누구나 자신의 감정을 자신이 조절할 수 있어야 합니다. 아이의 감정에 엄마가 잘못된 방법으로 반응하게 되면, 곧 일관성 있는 양육 태도를 유지하지 못하면, 아이는 자신의 감정을 절제하고 조절하는 법을 배우지 못하게 됩니다.

부모가 일관성 유지에 실패하는 이유는 감정적 대응에 원인이 있습니다. 약속한 시간 외에 스마트폰을 주지 않으려고 했지만 아이가 짜증내고 졸라대면 무너지고 맙니다. 아이의 감정을 엄마가 견디지 못한 것입니다. 그러나 어느 날은 굳게 마음먹고 아이의 짜증에 끝까지 대응합니다. 결국 일관성 없는 엄마가 되어버립니다.

이렇듯 엄마 자신의 형편에 따라 대응이 달라지면, 양육은 더욱 힘들어집니다. 아이는 이미 엄마를 포기하게 만드는 전술을 알아버렸기 때문입니다.

'우리 엄마는 내가 조르고 징징대고, 짜증내면 허락해 줘.'

'내가 집요하게 버티고 울면 원하는 것을 얻을 수 있어.'

아이는 앞으로 계속, 더 강력하게 그 전술을 쓰게 될 겁니다.

엄마의 실패 이유는 아이의 감정에 이입된 탓입니다. 아이의 감정에 엄마가 휩쓸린 것입니다.

울고 짜증내는 아이의 감정은 아이의 것입니다. 엄마의 감정이 아닙니다. 그러므로 아이의 감정을 엄마 자신의 감정과 동일시해선 안 됩니다.

"시끄러워, 그만 울어."

"안 된다고 했지, 울어도 소용없어, 오늘은 절대 안 돼."

"엄마랑 약속했잖아, 왜 약속을 안 지켜."

"자꾸 울고 짜증내면 다시는 못 보게 할 거야."

협박, 위협, 경고, 설명 등등 모든 수단을 동원해도 아이는 진정되지 않습니다.

일관성을 지키려면 감정을 분리해야 합니다. 일관성을 지키려면 엄마가 동원했던 모든 수단을 멈추어야 합니다.

아이의 울음과 짜증은 욕구를 관철시키려는 본능입니다. 아이가 자기 뜻대로 안 되었을 때 불편한 감정을 드러내는 건 당연합니다. 부모가 아이의 이러한 감정에 대응하면, 일관성을 유지하기가 어려워집니다.

아이의 감정을 무시해야 합니다.

경고하는 말도, 협박하는 말도, 혼내는 말도 하지 않습니다. 속상한 마음을 알아주는 공감도 하지 않습니다. 그저 그 상황을 무시하는 것입니다.

아이는 당연히 속상하고 화가 납니다. 그러나 그건 아이의 몫입니다. 시간이 지나 가라앉히고 다스려야 할 자신의 감정인 것입니다. 엄마가 달래주고, 해결해주어야 할 감정이 아닙니다.

엄마는 곁에서 조용히 기다립니다. 마침내 아이의 감정이 가라앉으면 평소처럼 아이의 관심사에 다시 반응해줍니다.

이때 아이는 생각하게 됩니다.

'아, 내가 아무리 졸라도 한 번 약속한 것은 지켜지는 거구나.'

이렇게 깨닫게 된 아이는 집요하게 조르는 일을 멈추게 됩니다.

아이의 감정, 공감해줘야 할 때가 있고 무시해야 할 때가 있다

기차 레일을 연결하던 은애가 격한 감정을 드러냈습니다. 곡선으로 연결한 레일이 자꾸 빠지기 때문이었습니다. 곡선이 유지되려면 중간에 하나를 빼고 연결해야 하는데 아직 그 방법을 몰랐습니다. 한 쪽을 연결하면 자꾸만 다른 한 쪽이 빠져버렸습니다. 그때마다 화를 내며 울어댔습니다.

당황한 엄마가 도와주려고 했습니다. 그러나 아이는 손도 대지 못하게 하고 짜증만 냈습니다.

일단 아이 모르게 살짝 문제를 해결해 줬습니다. 그리고 아이의 감정을 알아주는 말을 했습니다.

"은애가 잘 안 돼서 속상했구나."

그러자 아이가 말했습니다.

"은애가 슬펐어요. 은애가 속상했어요."

엄마는 계속해 아이의 감정에 공감해 주었습니다.

아이의 감정은 쉽게 가라앉지 않았고, 거듭해서 자신이 슬펐다고 말했습니다.

엄마의 반응은 적절했을까요?

아이의 감정을 알아주고 공감해주는 것이 중요하다는 사실을, 엄마는 압니다. '구나'를 붙여 아이의 감정을 알아주는 대화법을 사용합니다.

그러나 감정 알아주기가 언제나 통하는 건 아닙니다. 배운 대로 했음에도 나아지지 않고, 오히려 아이의 짜증은 더 심해지는 경우가 있습니다. 왜 그럴까요?

먼저 감정 알아주기의 중요성을 설명하고, 예외 경우를 말해보려고 합니다.

지금은 많이 달라졌지만, 여전히 우리의 일상에 유교적 문화가 깊숙이 자리잡고 있습니다.

유교 문화의 특징 중 하나가 상명하복입니다. 윗사람이 명령을 내리면 아랫사람은 무조건 복종을 해야 합니다. 부모님, 선생님, 상사, 연장자가 지시와 명령을 내릴 수 있다고 생각합니다.

예전에는 생면부지의 어른일지라도 예의 없게 구는 아이에게 호통을 쳤습니다. 접촉사고로 시시비비를 가릴 때조차 "너

몇 살이야? 나이도 어린 게~~"라며 사고와 상관없는 나이를 들먹였습니다. 이렇듯 서열에 대한 사회적 통념이 자연스럽게 우리 안에서 작동했습니다.

유교 문화의 전통 안에서 부모가 자녀에게 명령하고 지시하는 것이 당연했습니다. 자녀의 미래와 직업까지도 부모의 결정에 따라야 하는 경우도 많았습니다.

이러한 상명하복 문화의 부작용 중 하나는 분노입니다.

과거 한국인에게서만 볼 수 있는 특수한 질병이 있었습니다. 바로 화병입니다. 정신질환의 개념을 명시한 미국 저서 《DSM-4》에서는 화병을 '문화적 특성을 반영한 한국 고유의 질환'이라고 소개했습니다.

화병의 원인은 '생각할수록 억울하고 분통터지는 일'이라고 합니다.

화병은 일종의 불안장애, 우울장애, 신체화장애 등이 합쳐진 증후군입니다. 세계 어느 나라 사람들에게나 나타날 수 있는 증세인데 왜 한국 고유의 질환이라고 정의했을까요? 한국에서는 유독 문화적인 이유, 즉 사회 전반에 내재된 상명하복의 상황이 분노의 원인이 되는 경우가 많기 때문입니다.

일방적 명령과 지시를 따르도록 강요받는 상황은 심한 정신적 스트레스를 불러옵니다. 사회적 상황과 맞물려 가정의 경우도 예외일 수 없습니다. 아이가 부모의 일방적인 지시와 명령을 들어야 한다면, 그 스트레스 역시 화병이 날 지경일 겁니다.

과거 이러한 문화적 환경 속에서 대부분의 부모는 아이의 감정을 알아주고, 존중해 주어야 한다는 사실을 경험해 보지 못했습니다. 아이는 그저 부모가 시키는 대로 말을 잘 들으며 성장하면 된다고 생각했기 때문입니다.

필자 역시 예외가 아니었습니다. 상명하복의 개념에 익숙해서 한동안 아이게 명령과 지시로 일관했습니다. 아이의 입장에서 돌이켜 보면 무척 힘들었을 겁니다. 분노하고, 불안해하고, 방황하며, 아이도 화병에 걸렸을지도 몰라요.

부모교육과 아동상담을 공부하며 알게 되었습니다. 아이의 감정을 인정하고 알아주고, 존중하는 것이 얼마나 중요한지 말입니다. 아이의 성장과 성숙을 위해서 반드시 필요하며, 엄마와 아이의 좋은 관계를 위해서도 필수적인 요소입니다.

아이의 감정을 알아주고 존중한다는 것은 아이 자체를, 아이의 존재 자체를 독립된 인간으로 인정한다는 의미입니다. 이러한 부모의 태도로 인해, 아이는 스스로를 인정하고 사랑하게 됩니다. 곧 자신감 있고 자존감 높은 아이로 성장할 밑바탕이 됩니다.

《Mentalizing in Child Therapy》에 '아이들은 공감을 통해 자신이 이해받고 인정받았다고 느끼면 잘 자란다'는 표현이 있습니다.

여기서 잘 자란다는 것은 thrive로, 무성하게 번영한다는 뜻입니다. 단순히 자란다는 것이 아닙니다. 가지가 풍성하고 무성한 나무처럼 모든 것을 충분히 갖춘 성숙한 사람으로 성장한다는 의미입니다.

따라서 부모는 아이의 마음속에서 무슨 감정이 일어나고 변화하는지를 먼저 생각해야 합니다. 그리고 그 감정과 변화를 이해하고 인정해 줘야 합니다.

이제는 대부분의 부모들이 아이의 감정을 알아주는 것에 대한 중요성을 인정하게 되었습니다. 좋은 변화입니다.

그러나 한계가 없는 지나친 공감은 부작용이 따릅니다. 아이는 스스로 감정을 조절하고 다스리는 법을 배우지 못하게 됩니다.

아이의 감정을 공감해야 할 때가 있고, 무시해야 할 때가 있습니다. 또한 가볍게 인정해 줘야 할 때도 있습니다. 정신화 상담 이론에서는 가볍게 인정하는 것을 타당화라고 말합니다.

감정을 공감해줘야 할 때는 이러합니다. 아이가 억울한 일을 당했을 때, 슬픈 일을 경험했을 때와 같은 상황입니다. 이러한 경우에는 부모의 깊은 감정 이입이 필요합니다. 'feeling felt'라는 말로 설명할 수 있습니다. 이때 아이의 감정과 같은 감정을 엄마가 느끼고 있다는 것이 아이에게 전달되도록 하는 것입니다.

"우리 딸이 얼마나 억울했을까 생각하니 엄마도 화가 나네."

"그 일이 너에겐 정말 힘들었을 거 같아."

이런 느낌입니다.

위에서 소개한 은애의 경우, 아이의 감정은 무시하거나 타당화하는 정도면 적당합니다. 타당화는 적당한 인정입니다. 깊은 공감을 보여줄 필요는 없습니다.

은애의 감정은 뭔가 자기 뜻대로 이루어지지 않았을 때 표출하는 불편한 감정입니다. 잘 안되어서 슬픈 것은 맞습니다. 하지만 슬프기 때문에 화를 내면서 짜증을 내는 것은 옳지 않습니다. 이러한 상황에서 엄마가 공감의 태도를 보이면 아이는 자신의 행동이 맞다고 생각합니다. 소리를 지르고 화를 내도 괜찮다고 여깁니다. 그래서 아이는 뜻대로 되지 않을 때마다 반복적으로 화를 내는 것입니다.

이 경우 엄마는 아이의 감정을 무시하는 것이 맞습니다. 왜냐하면 아이 혼자 처리해야 할 아이의 감정이기 때문입니다. 아이의 감정이 내려갈 때까지 반응하지 않은 채 무시합니다.

아이가 다시 침착한 행동을 보일 때 비로소 반응하며 칭찬해 줍니다.

엄마가 무시하고 시선을 돌리자 아이가 계속해서 엄마에게 말합니다.

"은애는 슬펐어요. 속상했어요."

엄마가 반응하지 않자 은애는 얼굴을 엄마에게 바짝 붙이며 같은 말을 반복합니다. 자신이 정당하다는 것을 인정받고 싶은 겁니다.

이때 타당화가 필요합니다. 조금 무미건조하게 대답해 줍니다.

"그랬구나."

"슬펐겠구나."

이해하고 인정은 하지만 깊이 공감하지는 않습니다. 엄마는 곧 아이의 좋은 행동에 칭찬하며 이전과 같이 놀기 시작합니다.

감정을 조절하는 힘은 자기 스스로 나쁜 감정을 가라앉히는 경험을 통해 생깁니다.

감정이 폭발했을 때 부모의 올바르지 않은 반응은 오히려 감정을 증폭시키게 됩니다. 화내는 아이를 혼내거나 비난하면 아이는 수치심을 느낍니다. 자기가 나쁜 아이라는 느낌이 들기 때문에 더 화를 내고 고집을 부립니다. 대치 상황이 길어집니다. 엄마에게 원망의 감정을 갖거나 포기하거나 서운한 감정을 지닌 채 상황이 종료되기도 합니다. 감정이 해소되거나 조절하는 경험을 하지 못하는 것입니다.

반대로 화내는 아이의 마음을 공감해주게 되면 아이는 계속 화난 감정을 유지시킵니다. 엄마가 알아주니 화내는 것이 정당하게 느껴지기 때문입니다. 결국 엄마가 달래줘야 감정을 가라앉힙니다. 앞으로도 아이는 뭔가 불편할 때마다 화를 낼 것이고, 누군가가 달래주지 않으면 상황을 전환하지 않을 것입니다.

자기 스스로 감정을 가라앉히는 경험을 하지 못한 아이는 감정을 조절하는 법을 배우지 못합니다.

유교적 문화권에서 생활해온 우리는 아이의 감정을 알아주고 인정해주는 일에 미숙합니다. 그러므로 눈에 보이는 행동으로만 아이를 판단하지 말아야 합니다. 아이의 마음에서 일어나고 있는 일에 호기심을 갖고 알려고 노력하는 과정이 필요합니다. 아이의 감정을 알아주고 존중할 때 아이는 더 성숙하고 부모 말에도 협조하는 아이가 됩니다.

한편 지나치게 감정 알아줘 모든 경우에 적용하지는 말아야 합니다. 부적절한 행동에 대한 감정까지 인정하는 실수를 범하게 되기 때문입니다. 그러므로 공감의 한계를 분명히 아는 것이 중요합니다.

Chapter 3

건강한 사회정서 기술을 배우는

아이주도놀이 상호작용

언어 발달 이루는 상호작용

1) 언어 발달이 중요한 이유

3세 하진이는 자폐 경증, 발달 지연 판정을 받고 센터에 찾아왔습니다. 특히 언어 발달이 늦어 13개월 정도의 상태였습니다. 사회성이 뒤떨어져 어린이집에서 단체 생활이 쉽지 않았습니다. 또래 아이 관계에서 공격성을 보였습니다. 자기 물건을 빼앗았던 친구가 다가오기만 해도 소리를 지르거나 갑자기 물건을 던지는 등의 모습을 보였습니다.

하진이 문제 행동의 원인은 언어 지연으로부터 시작된 것입니다. 언어적 발달이 이루어지지 않으니 불편한 감정과 상태를 표현할 수가 없기 때문입니다.

불편한 감정을 울거나 짜증으로 표현할 수밖에 없습니다. 자기를 방어하기 위해 때리거나 소리를 지를 수밖에 없는 것입니다. 그러다 보니 상대방도 공격적으로 대하고, 하진이는 더욱 문제 행동을 하게 되었던 것입니다.

언어는 다른 모든 발달의 기초가 되는 매우 중요한 요소입니다.

언어 발달이 이루어져야 정서 발달이 이루어집니다. 자신의 감정 상태를 말로 표현할 수 있어야 소통이 됩니다. 상대방의 마음도, 상황도, 행동도 이해할 수 있습니다. 소통이 이루어져야 상호관계가 이루어지고 정서적으로도 안정됩니다.

언어 발달은 인지 발달에도 영향을 줍니다. 인지 발달은 어휘력과 깊은 연관이 있습니다. 어휘를 알아야 문맥을 이해하고 지적 발달을 이루게 됩니다. 사고력이 깊어지고 상상력, 창의력이 발달하는 데에도 언어 발달이 영향을 미칩니다.

특히 언어 발달은 사회성에 영향을 미칩니다. 친구를 사귀고, 친구와 관계를 유지하려면 언어적 소통이 이루어져야 하고, 상황에 대한 개념을 파악하고 적절히 묘사하는 등의 능력도 필요합니다.

"늦어서 그렇지 시간 지나면 좋아질 거야."

"늦되는 아이가 있어. 때가 되면 저절로 말이 터질 거야."

언어가 늦은 아이를 향해 이렇게 말합니다. 그러나 이처럼 간단히 여길 문제가 아닙니다. 언어 발달이 지연됨으로 다른 발달에 부정적인 영향을 미치기 때문입니다.

그러면 언어는 어떻게 발달을 이루어 갈까요?

과거에는 언어치료라는 용어가 생소했습니다. 아이는 자라면서 저절로 언어를 배웠고 큰 어려움 없이 사용했습니다. 지금은 상황이 달라졌습니다. 모든 발달 지연 중 언어가 지연돼 언어치료를 받는 아이들이 가장 많습니다. 실손보험에서 병원비를 지원해줄 정도입니다.

왜 이런 상황이 되었을까요?

필자가 생각하는 주된 이유는 바로 상호작용의 기회가 줄었기 때문입니다. 예전에는 할머니, 할아버지를 비롯해 형제, 자매가 많았습니다. 동네 친구들과 자연스럽게 어울리는 기회도 잦았습니다. 그만큼 상호작용의 기회가 많았던 것입니다.

이제는 놀이터에서 함께 뛰어놀 또래를 만나기 어려워졌습니다. 3대가 모여 살던 대가족에서 한 자녀 가정으로 바뀌었습니다. 모르는 아이에게 함부로 말을 걸 수도 없는 세상이 되었습니다. 코로나의 영향으로 소통의 기회는 더욱 줄었습니다. 상호작용의 기회가 없으니 언어 발달이 지연되는 것은 당연한 결과입니다.

외부 환경이 그러하니 가정의 역할이 더욱 중요합니다. 부모가 아이의 언어 발달을 촉진하는 상호작용을 왕성하게 해주어야 합니다.

영유아기의 아이들은 부모를 통해 언어를 배웁니다. 알아듣지 못할지라도 엄마가 끊임없이 말을 하며 자극을 주면 아기는 옹알이를 하면서 말을 배웁니다. 어느 시점이 지나면 엄마의 말을 따라 하기 시작합니다. 만 1세가 되면 한 단어를, 만 2세가 되면 두 단어를 붙여 말할 수 있게 됩니다. 점점 더 많은 단어를 조합해 말하게 되면서 언어가 급속도로 늘어납니다.

수다쟁이 엄마라면 아이가 말을 배우기 좀 더 수월합니다. 그러나 일방적인 엄마의 수다를 듣기만 한다고 아이의 언어 발달이 이뤄지는 건 아닙니다.

옹알이부터 시작해 아이가 뭔가 말을 할 때, 엄마는 반응해 줍니다. 이 반응이 곧 상호작용입니다.

상호작용의 과정을 통해 아이는 더 많은 말을 하게 됩니다. 엄마가 말을 하도록 촉진시킬 때, 아이의 언어가 발달합니다. 입밖으로 소리를 내서 말하는 자체가 언어 발달에 좋은 영향을 줍니다.

요즘 초등학생들의 문해력이 많이 떨어진다는 통계가 있습니다. 글을 읽을 줄은 아는데 무슨 뜻인지 그 의미를 이해하지 못합니다. 학원에 열심히 보내도 학교 성적이 오르지 않는 아이들, 학년이 올라갈수록 성적이 떨어지는 아이들 중 많은 경우 문해력에 문제가 있습니다. 교과의 내용을 이해하지 못하는 것이 근본 원인인 셈입니다.

문해력을 올리는 치료 중의 하나가 지문을 소리내서 읽는 것입니다.

옛날에는 수업 중 교과서를 소리내 읽었습니다. 선생님이 돌아가면서 읽게 했습니다. 그런 수업 방식이 구태의연해 보일지라도, 사실은 문해력을 높이는 효과가 있었던 것입니다.

컴퓨터와 TV 등 영상 매체가 아이들의 학습 도구로 활용되는 요즘입니다. 아이는 배운 것을 말로 표현하기보다는 일방적으로 습득하는 편입니다. 효율적 학습인 듯하지만 사실은 아이의 언어 발달을 저해하는 요인이기도 한 것입니다.

유아기 언어 발달은 다른 모든 발달의 기초가 되기 때문에 매우 중요합니다. 인지 사고력 뿐아니라 정서 발달에 이르기까지 언어가 먼저 해결되어야 하기 때문입니다.

유아기 언어는 상호작용을 통해 발달합니다. 아이주도놀이는 부모와 자녀의 올바른 상호작용 놀이 기법입니다. 부모가 올바른 상호작용 기법으로 아이와 놀이할 때, 언어 발달은 더욱 활발하게 진행됩니다.

2) 말을 잘하려면 말을 많이 해야 한다

조용한 것이 미덕인 시대가 있었습니다. 학교 칠판에는 늘

'조용히'라는 문구가 써 있었습니다. 질문하기보다 조용히 듣고 필기하고, 어른의 말은 대꾸하지 않고 따르는 아이가 모범생인 시대였습니다.

그러나 바야흐로 말을 잘하는 것이 중요한 시대입니다. 말로 친구들에게 자신을 어필해 반장이 되고 리더십을 발휘합니다. 말로 자신이 만든 제품을 설명해야 하고, 말로 비전을 펼치며 투자자를 설득해 자본금을 유치하기도 합니다.

말을 잘하는 아이는 친구가 많고 친구와 잘 놉니다. 어린이집 유치원 생활에 어려움이 없습니다. 반면 언어 발달이 늦고 말을 못하는 경우 단체 생활에 크고 작은 문제가 발생합니다.

말이 늦으면 원하는 것을 적절히 표현하지 못합니다. 욕구를 정확히 표현하지 못하니 소통이 잘 되지 않습니다. 욕구가 해소되지 못하니 말 대신 짜증과 울음으로 표현할 수밖에 없습니다.

선생님은 물론 또래와의 관계도 어려워집니다. 심통을 부리거나 훼방을 하는 방법으로 친구와 놀고 싶은 마음을 표현하게 됩니다. 아이의 마음과는 달리 친구들에게 나쁜 친구로 인식되니 단체 생활이 더 어려워집니다.

말을 잘하려면 말을 많이 해야 합니다.

말을 많이 하다 보면 여러 가지 반응을 보게 됩니다. 어떤 말을 했을 때 친구들이 웃고 즐거워하는지를 알게 됩니다. 친구들이 말할 때 나는 어떻게 끼어들어 말해야 하는지도 알아갑니다. 말의 분위기, 대화의 흐름, 말투, 말의 길이 등등을 파악하며 대화의 기술을 익히는 것입니다.

반면 말을 안하면 이러한 대화의 기술을 배울 수가 없습니다. 어쩌다 용기를 내 친구들의 대화에 동참하지만 흐름을 이해하지 못하는 말을 합니다. 엉뚱한 말을 반복하면서 점점 대화에 끼어들지 못하게 됩니다. 결국 스스로 입을 닫고 맙니다.

이처럼 말을 많이 하는 경험이 중요합니다. 그러려면 우선 아이에게 말을 많이 할 만한 환경을 만들어줘야 합니다. 말을 많이 할 수 있는 환경이란 안전한 환경을 뜻합니다. 곧 아이가 어떤 말을 해도 받아들여지는 환경입니다. 자신이 어떤 말을 해도 엄마가 다 받아준다는 사실을, 아이가 느껴야 합니다. 그러면 안심하고 모든 생각을 말하게 됩니다. 안전한 환경 속에서 아이는 대화의 기술을 배웁니다. 자연스럽게 말을 잘하는 아이가 됩니다.

안전한 환경을 위한 구체적인 실천 방법은 바로 언어 반영입니다. 아이의 말을 따라 해주는 언어 반영은 말하고 싶은 욕구를 자극합니다. 아이 스스로 말을 많이 하고 싶게 만듭니다.

말을 잘하게 만드는 언어 반영의 효과를 세분화해 설명하면 이러합니다.

첫째, 말을 따라 해주면 아이는 엄마가 내 말을 잘 들어주고 있다고 확신하게 됩니다.

엄마들에게 묻습니다. 언제 가장 말을 많이 하고 말을 잘하느냐고.

"친구들과 수다 떨 때요."

"남편이랑 얘기 할 때요."

"친정에 가서요."

왜 그럴까요? 왜 그때 가장 말을 많이 할까요? 엄마들은 생각해봅니다.

"편해서요."

"내 말을 잘 들어주니까."

"듣는 사람이 재미있어 하니까요."

맞습니다. 언어는 상호작용이므로 듣는 사람의 반응이 중요합니다. 내 이야기를 잘 들어주고, 어떤 얘기를 해도 비난하지 않고 다 받아줄 거 같은 사람 앞에 있을 때, 나는 말을 많이 하고 말을 잘합니다.

어른들의 대화에서는 상대의 눈빛과 표정만 봐도 그 사람이 잘 들어주고 있는지 아닌지를 알아차립니다. 고개만 끄덕끄덕 해줘도 알 수 있습니다. 그러나 아이는 다릅니다. 엄마가 잘 듣고 있다는 확신을 아이에게 줘야 합니다.

아이가 한 말을 그대로 혹은 약간씩 변형해서 따라해 주는 언어 반영이 확신을 줍니다. 엄마가 지금 내가 하는 말을 잘 듣고 있다는 확신이 들면 아이는 신이 납니다. 말하는 것이 재미있어지고 말이 많아집니다.

둘째, 아이의 말을 따라하면 아이는 엄마가 자신의 말에 동의하는 것으로 느낍니다.

어떤 말을 해도 엄마가 맞다고 인정해주는 것처럼 느낍니다. 아이는 안심하고 말할 수 있게 됩니다.

'이렇게 말하면 혼날 거 같아'라고 생각하면 아이는 말을 하지 않습니다. 이 말을 할까 말까 망설이게 됩니다. 당연히 말을 많이 할 수가 없습니다.

예컨대 직장 동료들과 커피를 마시며 이야기를 나누는데 상사가 나타납니다. 갑자기 말 수가 줄어듭니다. 방금 전까지 편하게 이야기하던 것과는 달리 뭔가 조심스럽습니다. 게다가 그 상사가 평소 칭찬보다 지적을 더 많이 하는 사람이라면 입을 다물게 됩니다.

아이들도 마찬가지입니다. 평소 엄마가 칭찬보다 비난과 지적을 더 많이 했다면, 아이는 말하는 자체를 망설이게 됩니다. 거침없이 자신의 생각을 말하지 못합니다.

언어 반영을 통해 아이는 엄마의 동의를 느낍니다. 자신이 하는 말을 맞다고 인정해주는 것으로 받아들입니다. 잘못 말했다고 비난하지도 않고, 틀렸다고 고쳐주지도 않으니 아이는 안심하고 말할 수 있습니다. 자연히 말을 많이 하게 됩니다.

셋째, 말하는 것이 재미있어집니다.

엄마가 자신이 하는 말을 잘 들어주고 있으니 말을 멈추고 싶지 않습니다. 없는 이야기도 꾸며서 이야기를 확장합니다. 상상력을 발휘해 더 많은 이야기를 만들어냅니다. 자연스럽게 말을 많이 하게 됩니다.

말의 재미는 전적으로 듣는 사람의 반응에 달려 있습니다. 강의를 하는 저도 듣는 엄마들의 반응에 따라 강의가 재미있어지기도 하고 지루해지기도 합니다. 듣는 엄마들이 감동받고 공감하는 반응을 보이면 저 역시 신이 나서 말을 더 잘합니다.

아이들도 그렇습니다. 엄마가 재미있게 들어주면 아이는 말하는 것이 재미있고 신납니다. 당연히 말이 많아지고 풍성하게 이야기를 만들어 갑니다.

이처럼 말을 많이 하면 말을 잘하게 됩니다.

말의 기술도 생기고, 재미있게 말하는 법도 배웁니다. 상황에 맞는 말을 하는 법도 알게 됩니다. 언어 반영을 해주면 아이는 엄마가 자신의 말을 재미있게 듣고 있다고 생각합니다.

반짝이는 눈에 호기심을 담아 바라봐주면 더욱 좋습니다. 엄마는 너의 이야기가 참 신기하고 재미있다는 표정을 지어주면 아이로선 말하기가 더욱 재미있을 겁니다.

말 잘하는 아이로 만들기 위해서는 잘 들어주는 엄마가 되어야 합니다. 비결은 아이의 말을 따라 하며 반영해주는 것입니다.

3) 어휘력을 향상시키는 상호작용

언어의 발달은 다양한 요건을 충족시킬 때 이루어집니다.

먼저 중요한 것은 어휘력입니다. 많은 단어를 알고 이해하게 되면 언어 사용이 쉬워집니다. 표현할 수 있는 단어가 많아지니 아이는 말을 잘하게 됩니다.

어휘력이 발달하려면 많은 어휘를 듣고 습득하는 것이 중요합니다. 아이는 누군가에게서 들은 말을 기억해두었다가 사용하기 때문입니다.

부모는 때때로 아이의 입에서 나오는 나쁜 말 때문에 충격을 받습니다. 하지만 돌아보면 언젠가 부모가 했던 말을 아이가 배운 것입니다. 반대로 부모에게 배운 좋은 어휘들도 아이의 기억 속에 저장됩니다.

"포기하지 않고 벽을 튼튼하게 세우는구나."

엄마가 아이의 행동을 말로 표현해 줍니다.

눈에 보이는 아이의 행동을 언어로 표현해 주는 기술이 행동 묘사입니다. 아이는 엄마의 행동 묘사를 통해 모르는 어휘들을 배워갑니다.

엄마에게 '포기하지 않는다'는 말을 배운 아이는 블록으로 벽을 세우며 말합니다.

"난 포기하지 않아."

3살 아이가 쓸 수 있는 표현이 아닌지라 엄마는 깜짝 놀랍니다. 엄마가 사용한 어휘를 아이가 이렇듯 빠르게 배운다는 사실을 알게 됩니다.

아빠가 사용한 포기라는 말을 들은 5살 여자아이는 그 뜻을 묻습니다.

"아빠, 포기하지 않는다는 게 뭐예요?"

"그만하겠다고 하지 않고 계속하겠다는 뜻이지."

설명을 들은 아이는 다시 말합니다.

"응, 나도 포기하지 않아."

아이는 부모의 표현을 통해 모르는 어휘를 배우고 확장해 갑니다. 부모가 사용하는 좋은 어휘가 행동 묘사를 통해 아이에게 그대로 전달됩니다.

언어가 늦은 아이, 혹은 연령이 낮아 말이 정확하지 않은 아이의 경우, 언어 반영을 통해 정확한 어휘를 습득하도록 합니다.

"크~크"

"크레인이구나."

"함미미"

"맞아, 할머니차."

명확하지 않은 외마디 소리에도 엄마가 정확하게 반영해주면, 아이는 엄마를 통해 어휘를 배우게 됩니다.

4) 말의 뒷부분만 따라 해도 언어 발달 이룬다

오늘 6세 영준이의 놀이는 엄마가 프린트해 준 포켓몬 캐릭터를 색연필로 칠하는 것입니다.

영준이는 색칠하면서 아빠에게 포켓몬 캐릭터를 설명합니다. 끝도 없이 나오는 캐릭터의 이름과 특징들이 아빠로선 복잡하고 어렵습니다.

아빠는 아이와 친밀해지기 위해 설명을 귀담아듣습니다. 아이의 세계를 이해하기 위해 노력하고, 더 많이 알아야 대화할 수 있다는 생각에 자꾸 질문을 합니다.

"얘는 날개를 가진 거야?"

"아, 그럼 얘가 더 센 거야?"

"얘는 뭘로 공격하는데?"

아빠의 질문에 아이는 열심히 설명합니다.

과연 아빠의 언어 반응은 적절한 걸까요?

물론 좋은 점은 있습니다. 아빠의 호기심은 아이에게 관심이 있다는 표시이며, 아이에게 대답할 기회를 줍니다.

그러나 좋지 않은 점도 있습니다. 아빠가 아이의 말을 온전히 듣고 있다는 느낌을 주지 못합니다.

아이가 말하는 도중 아빠의 질문을 받으면, 아이는 자기가 하던 말을 끊고 대답을 합니다. 아이 주도의 대화에서 아빠 주도의 대화로 방향이 바뀌게 되는 것입니다. 게다가 대화의 흐름을 아빠가 이끌게 되므로 아이는 말의 재미를 잃을 수 있습니다.

"라자몽이 제일 빠르다는 거지?"

"아니요."

"왜? 네가 그랬잖아."

"내가 언제요?"

이렇듯 아빠가 잘못 이해하기라도 하면, 아이는 반발심이 생깁니다. 아빠가 자기 말을 잘 듣지 않았다는 느낌이 더해집니다.

아이가 포켓몬의 종류와 이름을 아무리 설명을 해줘도 아빠는 제대로 기억할 수 없습니다. 그렇다고 아이와의 대화를 위해 따로 포켓몬을 공부해야 할까요? 그러지 않아도 됩니다. 아빠가 아이의 말을 온전히 잘 듣고 있음을 전달하는 방법을 사용하면 충분합니다.

대화의 내용을 온전히 이해하는 것은 중요하지 않습니다. 오히려 대화 중의 느낌이 중요합니다. 부모가 온전히 자신을 받아주고 있다는 느낌, 사랑받고 존중받고 있다는 느낌을 받으면 됩니다. 그 느낌은 아이의 말을 따라 해주는 언어 반영을 통해서 줄 수 있습니다.

언어 반영은 아이의 말을 그대로 반영해 주는 것입니다. 아이의 설명이 길게 늘어질 경우 그 말의 끝부분만 따라 해주면 됩니다.

내용을 이해하지 않아도 됩니다. 아이의 설명을 이해하기 위해서 보충 설명을 부탁하거나 질문을 하지 않아도 됩니다. 그저 아이의 말을 반영해 주면 됩니다.

부모는 아이의 세계에 들어가 아이와 함께 상상하며 대화할 수 없습니다. 아이와의 놀이에 아이처럼 재미를 느끼며 아이와 함께 놀이할 수 없습니다. 어른은 본질적으로 아이와는 관심이 다르고 재미와 흥미를 느끼는 관점도 다르기 때문입니다.

부모의 역할은 아이가 상상의 세계를 펼치도록 지지하고 격려하는 것입니다. 그 과정을 통해 창의력이 발휘되도록 도울 뿐입니다.

아이의 말을 온전히 이해하지 못해도, 말의 뒷부분만을 반영해주는 것으로도, 아이는 부모가 자신의 말을 잘 들어준다고 느낍니다.

부모의 인정과 동의는 아이의 언어 발달을 촉진시킵니다. 심리적인 안전감을 느끼며 말하는 것의 재미를 알아가게 됩니다. 이러한 과정을 통해 아이는 말을 많이 하고 잘하게 될 것입니다.

5) 언어의 개념을 알게 해주는 행동 묘사

"빨간 기차를 앞에 파란색 기차는 뒤에 순서대로 붙였네."

엄마가 아이의 행동을 말로 표현해 줍니다. 엄마의 말을 들으며 아이는 알게 됩니다. 자기가 하는 행동이 '빨간 기차와 파란 기차를 순서대로' 놓은 것이라는 점을.

"자동차를 나란히 놓았구나."

이번에는 자동차를 줄지어 놓은 자신의 행동이 '나란히 놓는 것'이라는 것을 배웁니다.

말을 잘한다는 것은, 알고 있는 어휘를 상황에 맞추어 얼마나 적절하게 사용하는가에 달려 있습니다.

언어는 사회적 약속입니다. 가령 어른을 만나서 고개를 숙이는 행위를 '인사한다'로 표현하기로 약속한 것입니다. 아이에게 고개를 숙이며 "이렇게 인사하는 거야"라고 가르칠 때, 아이는 인사의 의미를 알게 됩니다.

이처럼 모든 행동에는 의미가 있다는 사실을 아이에게 가르쳐줘야 합니다. 아이의 행동을 언어로 묘사해 줄 때, 아이는 그 행동의 개념을 알게 됩니다.

"가스레인지 불을 켜고 프라이팬을 올렸구나."

"노란색 색연필로 머리를 칠하고 있네."

"크레인으로 넘어진 자동차를 구했네."

이러한 엄마의 설명을 들으며 아이는 개념을 알아갑니다. 자신의 행동과 언어를 일치시킵니다. 상황에 맞는 적절한 언어를 습득합니다.

엄마의 행동 묘사를 통해 배운 언어를 아이는 비슷한 상황에서 그대로 표현합니다. 친구들과의 놀이 상황에서 적절하게 사용합니다. 엄마가 아이의 행동을 언어로 표현해 주었기 때문에 상황에 맞는 언어를 사용할 수 있게 되는 것입니다.

6) 언어 발달을 촉진시키는 칭찬

혜미 씨는 동화 구연가입니다. 동화책을 읽기 시작하면 아이들은 물론 어른들까지도 이야기 속으로 빨려듭니다. 어찌나 생동감이 넘치는지 듣는 내내 탄성이 흘러나옵니다.

동화 구연할 때뿐이 아닙니다. 일상 이야기를 해도 재미있습니다. 유머가 톡톡 튀어 웃음이 끊어질 않습니다.

비결을 물으니 이렇게 말합니다.

"어려서부터 그랬어요. 제가 말할 때마다 엄마와 언니가 재밌다고 웃었어요."

딸만 셋인 혜미 씨 가정은 저녁마다 모여 이야기 들려주기 게임을 했다고 합니다.

"덕분에 책을 많이 읽었고, 발표력도 저절로 길러진 것 같아요."

혜미 씨는 새로운 이야기를 찾기 위해 동화책을 열심히 읽었고, 이야기를 요약해 재미있게 전달하는 방법도 연습할 수 있었습니다. 엄마와 언니들은 혜미 씨의 이야기에 매번 박수를 치고 감동하며 들어주었습니다. 그런 반응을 보며 혜미 씨는 자신이 이야기를 참 재미있게 잘하는 사람이라고 생각했습니다.

“우리 혜미는 이야기꾼이네.”

엄마의 칭찬은 결국 혜미 씨를 최고의 동화 구연가로 만들어준 셈입니다.

아이들은 칭찬받는 행동을 하고 싶어 합니다. 칭찬은 엄마에게 인정받는 것입니다. 기분이 좋아집니다. 그 행동을 계속하고 싶습니다.

아이의 언어를 촉진시키려면 말에 대해 칭찬을 해주면 좋습니다.

“재미있는 이야기네.”

“이야기를 참 재미있게 잘하는구나.”

“차분하게 설명을 잘해주네.”

“달이가 친절하게 설명해 주니까 엄마가 잘 이해했어.”

이러한 구체적인 칭찬들이 아이의 언어를 촉진합니다.

아이는 자신이 이야기를 재미있게 잘한다고 생각하게 됩니다. 더 많은 이야기를 하고 싶어집니다. 이러한 자신감으로 더 친절하고 차분하게 설명하게 됩니다.

말을 너무 빨리 하는 아이의 경우, 천천히 말하는 대목에서

"천천히 또박또박 설명 잘해주네"라고 칭찬해주면 좋습니다. 아이는 점점 말을 천천히 또박또박하고 싶을 것입니다.

말의 기술, 말의 태도 등에 대한 엄마의 구체적 칭찬이 아이의 언어 발달을 촉진시킵니다.

아이의 말을 들어주는 엄마의 호기심 어린 눈과 구체적인 칭찬으로, 아이의 언어는 빠르고 정확하게 업그레이드됩니다.

언어 발달 이루는 칭찬

"설명을 잘해주네."

"친절하게 말해주네."

"재미있는 이야기를 잘 생각하네."

"큰 소리로 말을 잘하네."

"예쁜 목소리로 말을 잘하네."

"잘 설명해 줘서 엄마가 잘 알았어."

"차분하게 설명 잘해줬어."

"말로 표현을 잘했다."

자존감 높여주는 상호작용

1) 마음 은행에 칭찬을 저금해두라

나는 어떤 아이인가.

이 질문에 대해 아이 스스로 내리는 평가, 그것이 곧 자존감입니다. 자존감이 높은 아이는 자신에 대한 평가가 긍정적입니다.

'나는 괜찮은 아이야.'

'나는 사랑받을 만해.'

이러한 긍정 평가는 아이의 모든 행동에 영향을 미칩니다. 스스로 사랑받을 만하다고 생각하는 아이는 친구들 앞에서도 선생님 앞에서도 당당합니다. 친구도 선생님도 분명히 자신을 좋아할 거라고 생각하기 때문입니다.

자신감 있고, 당당한 아이는 사랑스럽습니다. 매력이 있습니다. 친구들도 선생님도 아이에게 호감을 가지고 대하게 됩니다.

‘내가 그럴 줄 알았어. 사람들은 다 나를 좋아한다니까.’

아이의 신념은 점점 더 확고해지며 자존감 역시 높아집니다.

반대의 경우를 생각해 봅시다.

자존감이 낮은 아이는 자신에 대한 평가가 부정적입니다. 사람들은 자신을 싫어할 거라고 생각합니다. 그러다 보니 타인과의 관계에 자신감이 없습니다. 눈치를 보거나 자기 의견을 내지 못한 채 끌려다닙니다. 주위에선 아이를 무시하거나 함부로 대할 가능성이 높습니다.

‘나는 사랑받지 못해.’

‘사람들은 나를 싫어해.’

아이의 생각은 점점 더 확고해지고 자존감은 한층 낮아집니다.

이처럼 자기에 대한 평가는 중요합니다. 자신에 대한 생각이 이후의 행동을 결정하고, 그 행동이 다시 자기 평가로 이어지기 때문입니다.

그럼 자존감이라고 말하는 자기 평가는 어떻게 이루어지는 걸까요? 왜 어떤 아이는 자신을 사랑받을 만하다고 생각하고, 어떤 아이는 사랑받을 자격이 없다고 생각할까요?

누군가 그렇게 반응했기 때문입니다. 그리고 그 누군가는 아이와 가장 밀접한 양육자일 수 있습니다.

우리는 거울을 보아야 내 코가 뾰족한지 납작한지, 눈이 동그란지 길쭉한지 알 수 있습니다. 거울이 비춰주지 않으면 판단할 수 없습니다.

아이도 마찬가지입니다. 엄마라는 거울이 비춰주는 대로 자신을 바라봅니다. 엄마가 예쁘다고 하면 아이는 예쁜 아이가 됩니다. 엄마가 너 때문에 힘들다고 하면 자신은 엄마를 힘들게 하는 아이가 됩니다. 뭐 하나 제대로 하는 게 없다고 말하면 아이는 뭐든지 못하는 아이가 되고 맙니다.

엄마는 아이의 거울입니다. 엄마라는 거울이 말해주는 대로 아이는 자기를 평가합니다.

이렇게 말하면 엄마들이 마음에 부담이 생깁니다. 좋은 평가, 긍정적인 말만 아이에게 해줘야 하는데 현실은 그렇지 못하기 때문입니다. 짜증 내고, 싸우고, 말썽 피우는 아이에게 좋은 말만 하기란 쉽지 않습니다.

은행 잔고의 법칙이 있습니다. 평소 은행에 저금을 넉넉히 해 둔 사람은 급한 일로 돈을 인출해도 걱정이 없습니다. 남아있는 돈이 있으니까요. 그러나 잔고가 없는 사람은 상황이 다릅니다. 급한 상황에 대처할 만한 여력이 없습니다.

아이들의 정서도 이와 같습니다. 평소 좋은 말을 많이 쌓아두었다면, 가끔 질책의 말을 해도 상처가 되지 않습니다. 저금해둔 사랑의 말들이 남아있으니까요. 그러나 평소 늘 부정적인 말만 해왔다면, 엄마의 사소한 나무람도 아이에게는 큰 상처가 됩니다.

아이의 자존감을 위해 엄마가 평소에 쌓아두어야 할 마음 은행의 잔고는 바로 칭찬입니다.

아이와 함께 치료실에 오는 첫날, 부모에게 평소대로 아이와 함께 놀이하도록 합니다. 놀이 과정을 지켜보며 기준에 맞춰 코딩합니다.

부모들에게서 보이는 공통적인 현상이 있습니다. 하지 말아야 할 기술을 많이 사용하며, 반대로 사용해야 할 기술은 쓰지 않고 놀이한다는 것입니다. 그중에서 특히 중요한 칭찬은 전혀 들을 수가 없습니다. 대부분의 부모가 아이와 놀면서 단 한 번의 칭찬도 하지 않습니다.

우리는 그만큼 칭찬에 인색합니다.

아이가 잘하는 것은 당연한 일입니다. 언급도 안 하고 그냥 넘어갑니다. 잘못하는 행동은 반드시 지적합니다. 고쳐주려고 합니다. 그러다 보니 비율이 맞지 않습니다. 칭찬은 어쩌다 한 번, 지적의 말은 넘치도록 많이 합니다.

이러한 상황이 반복되면서 아이는 생각하게 됩니다. 엄마가 자신을 사랑하지 않는다고, 나아가 늘 지적을 받는 자신에게 문제가 있다고 판단합니다. 자신은 나쁜 아이, 못난 아이, 뭐든

못 하는 아이라고 생각합니다. 당연히 자존감은 낮아집니다.

엄마에게 듣는 칭찬의 말이 아이의 자존감을 높여줍니다. 칭찬을 들을 때 아이는 스스로를 괜찮은 사람이라고 생각합니다. 더 칭찬받고 싶어 좋은 행동을 하게 됩니다.

칭찬을 은행 잔고로 쌓아둬야 합니다. 돌발 사고가 생겨 혼내고 비난해도 아이는 상처받지 않습니다. 자존감이 낮아지지 않습니다. 아이의 마음속 은행에는 엄마의 사랑이 넉넉하게 쌓여 있기 때문입니다.

2) 칭찬 남발해도 되나?

"칭찬을 많이 해주니 아이가 뭘 하고는 칭찬받으려고 기다려요. 칭찬을 남발해도 되나요?"

칭찬 교육을 받고 칭찬을 하기 시작한 엄마가 질문합니다.

잦은 칭찬이 오히려 독이 되는 것은 아닌가에 대한 걱정입니다.

칭찬의 부작용, 물론 있습니다.

칭찬은 평가이기 때문에 아이를 평가하는 것 자체가 좋지 않다고 주장하는 육아전문가도 있습니다.

필자는 이렇게 정리합니다.

당연히 평가하는 말은 좋지 않습니다. 누군가의 평가에 길들여지면 있는 그대로의 자신을 받아들이지 못합니다. 타인의 평가에 연연하게 될 수 있습니다. 그러나 이 이론대로 자녀를 양육하려면 전제 조건이 있어야 합니다. 부모가 완벽하게 자녀를 존중할 수 있어야 합니다. 평소에 아이의 모든 의견과 행동, 판단을 존중하며 아이의 있는 그대로의 모습을 존중하는 부모가 되어야 합니다.

그러나 육아의 현장은 때로 전쟁과도 같습니다. 아이의 모든 생각을 존중하고 싶어도 그러지 못합니다. 바쁜 아침 느리게 움직이는 아이, 자야 할 늦은 시간 씻지 않고 뛰어다니는 아이, 동생과 싸우고 울음바다가 된 현장에서 아이를 존중하며 받아들여 주기는 참 쉽지 않습니다.

칭찬의 부작용을 생각해 칭찬을 하지 않는다면, 그건 '구더기 무서워 장 못 담근다'는 말과 같습니다. 칭찬하지 않는 것보다 하는 편이 훨씬 유익합니다. 과도한 칭찬으로 인한 부작용을 걱정하기보다는 칭찬에 인색해 나타나는 부작용이 더 크기 때문입니다.

우리의 문화는 아이를 존중하고 인정하기보다 설교하고 고쳐서 바로잡아준다는 인식이 강합니다. 칭찬보다는 질책을 더 많이 합니다. 그래야 아이가 더 잘한다고 믿기 때문입니다. 안타깝게도, 그 결과는 반대입니다. 아이는 부모의 칭찬과 인정이 마음에 쌓이지 않으면, 만족감과 성취감을 느끼지 못합니다. 외롭고 허전합니다. 거듭되는 질책으로 자존감이 낮아집니다.

"하지마, 안 돼, 그러는 거 아니야, 조심해, 뛰지 마, 싸우지 마, 소리지르지 마…. "

이런 소리만 듣는 아이는 자신의 모든 것이 부정당하는 기분입니다. 자신의 생각과 행동이 모두 틀렸다고 생각하게 됩니다.

칭찬은 반대의 경우입니다. 칭찬은 부모가 아이의 행동에 찬성한다는 뜻입니다.

"잘했어, 고마워, 잘하네, 좋은 생각이야, 재미있게 말하네..."

이런 칭찬은 "네가 하는 말과 행동은 맞아, 잘하고 있어, 나는 너를 인정해"라고 말해주는 것과 같습니다.

아이에게 더 잘하길 바란다면, 질책이 아니라 칭찬을 해야 합니다. 칭찬을 들은 아이는 더 잘하고 싶은 욕구가 생기기 때문입니다.

아이는 수시로 칭찬해 주는 엄마에게 안심합니다. 엄마가 더 좋아집니다. 칭찬을 통해 엄마와 아이는 좋은 관계를 형성하게 됩니다.

좋은 관계가 형성되면 어떤 효과가 있을까요?

아이는 엄마가 하는 말, 시키는 일에 협조하고 싶은 마음이 생기게 됩니다. 당연히 말을 잘 듣습니다. 윽박지를 때보다 훨씬 더 빨리 엄마의 지시를 따르게 됩니다.

엄마에게 칭찬의 말을 듣는 아이는 생각합니다. 나는 꽤 괜찮은 아이다, 라고. 당연히 아이의 자존감은 올라가게 됩니다.

칭찬을 남발해서 가져올 부정적인 영향보다 칭찬에 인색해서 생겨나는 문제점들이 더 많습니다. 올바른 방법으로 하는 칭찬은 아무리 많이 해도 넘치지 않습니다. 평가하는 칭찬이 아닌 구체적인 행동을 칭찬한다면 아이들은 행복해집니다.

3) 좋은 칭찬과 좋지 않은 칭찬이 있다

좋은 칭찬과 나쁜 칭찬을 구분하는 방법은 결과를 살펴보는 것입니다. 칭찬이 아이의 기분만 들뜨게 했다면 그건 나쁜 칭찬입니다. 반면 아이의 행동을 바꾼다면 좋은 칭찬입니다. 칭찬을 듣고 아이가 점점 더 좋은 행동을 하는 아이로 바뀌는 것. 그것이 올바른 칭찬의 목적입니다.

먼저 좋지 않은 칭찬을 살펴봅니다.

첫째, 인격을 평가하는 칭찬입니다.

"착하네."

"정직하구나."

어른인 우리도 스스로를 생각할 때 착한지 안 착한지 분명치 않습니다. 어떤 날은 착한 사람인 것 같고, 어떤 날은 착하지 않은 듯합니다. 비교적 정직한 사람이지만 늘상 정직한 모습을 보이지 못할 때도 있습니다.

이처럼 인격은 칭찬의 대상이 될 수 없습니다. 특히 어린아이의 경우는 더 그렇습니다.

엄마가 착하다고 했는데 아이는 동생 아이스크림을 빼앗고 머리통을 때린 일이 떠오릅니다. 엄마의 칭찬이 동기부여가 되기는커녕 오히려 죄책감을 불러일으킵니다.

정직하다고 칭찬을 들었는데 아이는 엄마를 속인 일이 떠오릅니다. 학습지가 너무 하기 싫어서 밖에 버리고 없어졌다고 말했던 거짓말이 떠오릅니다. 엄마의 칭찬이 기쁘기는커녕 오히려 마음을 무겁게만 합니다.

이런 칭찬은 아이의 자존감을 높여주지 못합니다. 그러므로 인격을 평가하는 칭찬을 하지 말고 행동을 칭찬해야 합니다.

"착한 일을 했네."

"정직하게 행동했구나."

동생에게 장난감을 양보한 것은 착한 행동입니다. 놀이터에서 주운 장난감을 가져오지 않고 주인을 찾아준 것은 정직한 행동을 한 것입니다. 아이는 무엇 때문에 칭찬을 들었는지 분명히 압니다. 따라서 다음에도 그렇게 행동할 수 있습니다.

사람을 칭찬하는 것이 아닌, 행동을 칭찬하는 것이 좋습니다. 그래야 칭찬으로 아이의 좋은 행동을 이끌 수 있습니다. 그것이 올바른 칭찬의 목적입니다.

둘째, 고칠 수 없고 바꿀 수 없는 점을 칭찬하는 것입니다.

"똑똑해."

"너 머리 좋구나."

"예쁘게 생겼네."

머리가 좋은 것, 얼굴이 예쁘게 생긴 것, 키가 큰 것 등은 아이가 노력해서 얻은 것이 아닙니다. 행동을 고쳐서 바꿀 수 있는 것도 아닙니다. 그저 주어진 것입니다. 이런 칭찬은 아이의 마음을 움직일 수 없습니다. 즉 좋은 행동으로 이어질 동기부여가 되지 못합니다.

칭찬을 들으면 아이들은 칭찬받은 행동을 계속하려고 합니다. 칭찬 들었을 때의 뿌듯한 감정을 계속 느끼고 싶기 때문입니다.

좋은 칭찬의 기능은, 아이의 행동을 긍정적으로 변화시키는 것입니다. 그러나 노력해도 바꿀 수 없는 칭찬은 긍정적 변화를 불러오지 못합니다. 칭찬을 들은 순간은 기분이 좋을지 모르나 실제론 자신이 칭찬을 좇아갈 수 없다고 느낄 때 절망합니다.

똑똑하지 않은데 똑똑하다는 칭찬을 들은 아이는 어떨까요?

EBS의 실험 결과가 그 답을 말해줍니다.

초등학생을 대상으로 한 칭찬 실험입니다. 아이에게 단어가 적힌 수십 장의 카드를 보게 한 뒤 기억나는 단어를 칠판에 적도록 합니다. 선생님은 아이를 칭찬합니다.

"너 참 똑똑하구나."

"와, 대단한데."

잠시 후 전화를 받은 선생님은 아이에게 계속해 쓰라고 말한 뒤 자리를 뜹니다. 그때 단어 카드를 슬며시 책상 위에 놓아둡니다.

아이의 고민이 시작됩니다. 이걸 봐야 하나, 말아야 하나.

나레이터는 이렇게 말합니다.

"똑똑하다고 과도한 칭찬을 받은 아이들의 70%가 그 칭찬을 한 선생님을 실망시키지 않기 위해 카드를 훔쳐보았습니다."

똑똑하다는 평가, 부적절한 칭찬을 들은 아이들은 똑똑함을 증명하지 못할까 봐 두려워 카드를 훔쳐볼 수밖에 없었던 것입니다.

이렇게 칭찬을 하면 어땠을까요?

"열심히 기억했구나."

"잘 기억했네."

아이는 그저 자신이 본 것을 기억하는 데 집중했을 것입니다. 단어카드를 훔쳐보면서까지 똑똑함을 입증하지 않아도 되었을 것입니다.

"좋은 생각이다."

"재미있는 생각이야."

"와, 생각 잘했다."

'똑똑하다, 머리 좋다'는 평가의 칭찬입니다. '생각을 잘했다'는 구체적인 행위에 대한 칭찬입니다. 아이가 할 수 있는 노력을 칭찬한 것입니다. 아이는 앞으로 더 좋은 생각, 재미있는 생각을 하려고 노력할 것입니다. 더 좋은 생각을 할 동기부여가 됩니다. 아이의 사고력이 확장되고 상상력이 발달하는 칭찬인 셈입니다.

셋째, 구체적이지 않은 칭찬입니다.

"우리 아들, 최고야."

"야, 멋지다. 대단해."

이러한 칭찬들에는 '무엇이'가 없습니다. 왜 최고인지, 뭐가 멋진지, 왜 대단한지가 빠져 있습니다. 실체도 없는데 표현은 지나치게 과장된 것입니다. 아이는 칭찬을 제대로 실감하지 못합니다.

엄마의 칭찬은 항상 구체적으로, 행동에 근거해서 하는 것이 좋습니다.

칭찬의 목적은 단지 아이를 기분 좋게 하기 위해서가 아닙니다. 아이의 감정을 들뜨게 하고 허황되게 하는 역할을 해서는 안 됩니다. 칭찬을 통해 아이는 부모로부터 인정받고 사랑받는다고 느껴야 합니다.

올바른 칭찬으로 아이의 자존감이 높아집니다. 또한 좋은 태도, 올바른 행동이 무엇인지를 배우게 됩니다.

"선 밖으로 나오지 않게 꼼꼼하게 색칠을 잘했네."

"자동차를 조심조심 바닥에 잘 내려놓았네."

엄마는 구체적으로 어떤 점이 칭찬받을 행동인지를 말해주었습니다. 이런 칭찬으로 아이는 꼼꼼하게 색칠하는 게 잘하는 행동이라고 생각하게 됩니다. 자동차를 난폭하게 다루지 않고 바닥에 살며시 내려놓는 것이 좋은 행동인 걸 알게 됩니다. 당연히 다시 칭찬받을 행동으로 이어집니다. 이처럼 아이의 행동을 바꾸는 칭찬이 좋은 칭찬입니다.

4) 자신감 없는 아이, 이렇게 칭찬하라

"엄마, 나비 그려줘."

"네가 그려 봐. 너도 잘 그리잖아."

"아니야, 나는 못 그려 엄마가."

4세 리호는 그림을 좋아합니다. 그러나 매번 엄마 아빠에게 그림을 그려달라고 합니다.

너도 잘 그린다고 칭찬도 해주고 스스로 그리도록 유도합니다. 하지만 아이는 계속 엄마가 그려주라고 말합니다.

"그려주면 또 짜증을 내요. 그거 말고 이거 그리라고, 이렇게 그리라고 주문이 많답니다."

만들기 할 때도 비슷합니다. 아빠에게 레고로 성을 만들어달라고 하고는 갑자기 완성된 성을 무너뜨립니다. 왜 갑자기 짜증을 내고 난폭한 행동을 하는지, 그 이유를 알 수 없다고 엄마는 호소합니다.

리호의 심리는 뭘까요?

아이는 잘하고 싶습니다. 그림도 잘 그리고 싶고, 레고로 성도 멋지게 쌓고 싶습니다. 그런데 엄마나 아빠에 비해 자기 실력은 형편없습니다. 엄마가 아무리 너의 그림도 멋지다고 말해줘도 아이는 인정할 수 없습니다. 아이의 눈에도 엄마의 그림이 자신의 것보다 멋지게 보이기 때문입니다.

아이는 자신감이 없는 것입니다.

자신감은 자기가 능력있다고 믿는 힘입니다. 실력, 즉 능력과 연관이 있습니다. 자기가 보기에도 엄마 그림이 더 예쁘니까 자신감이 떨어진 겁니다.

이럴 때는 아이를 칭찬해 주는 것만으로는 안 됩니다. 엄마가 할 일은, 아이 앞에서 멋지게 그림 그리는 걸 멈추는 겁니다. 아빠는 멋진 성 쌓기를 중단하는 것입니다.

"에이, 잘 안된다. 못 그리겠는 걸?"

"어렵네~~, 똑바르게 잘 안되네."

일부러 비뚤어지게 그리거나 멋지지 않게 그리는 것도 좋습니다. 성을 쌓으면서도 잘 안된다며 힘들어하는 모습을 보입니다. 그러면서 상대적으로 아이를 칭찬합니다.

"우와, 자동차를 멋지게 그렸네."

"머리는 색칠하기 힘든데 예쁘게 잘 칠했다."

"아빠도 어려운데 리호는 성벽을 잘 쌓았구나."

하기 어려운 일인데 잘한다는 칭찬, 아빠는 어려운데 잘하고 있다는 칭찬이 아이의 용기를 북돋워 줍니다. 엄마와 아빠의 작품이 실제로 형편없으면 아이는 자신감을 얻고 도전을 이어갑니다. 더 열심히 자신 있게 그림을 그려 엄마에게 보여줍니다.

엄마의 계속되는 칭찬 속에 아이는 그림 그리기가 재미있어지고, 많이 그리다 보면 실력도 늘어나게 됩니다. 머지않아 아이가 말하게 될 겁니다.

"엄마, 내가 그려줄까?"

"엄마도 나처럼 잘할 수 있어."

엄마의 감탄과 칭찬으로 아이는 자신감을 얻습니다. 엄마를 격려하며 돕겠다고 나섭니다. 설사 자신의 그림이 뜻대로 되지 않아도 더 이상 짜증을 내지 않습니다. 자신감을 갖고 다시 도전할 힘을 얻었기 때문입니다.

5) "고마워"로 칭찬할 때와 "잘했어"로 칭찬할 때

무서운 부모와 우스운 부모.

현장에서 만나는 부모의 두 가지 모습입니다.

무서운 부모는 권위적인 경우입니다. 말투가 엄격합니다. 지시적이며 강압적입니다. 아이가 지켜야 할 규칙이 많습니다. '반드시, 당연히, ~해야 한다'는 말을 자주 씁니다. 부모의 기준이 높아 무책임하고 게으른 아이의 행동을 이해하지도 용납하지도 못합니다.

이런 가정의 아이들은 불안하고 강박적인 모습을 보입니다. 감정이나 생각을 마음껏 표출하지 못합니다. 당연히 마음속에는 분노가 쌓입니다. 집에서는 무서워서 표현 못 하지만 또래 관계에서, 혹은 더 약한 대상에게 공격적인 모습을 드러내기도 합니다.

부모의 권위적 양육 태도 때문에 위축된 아이들에게서 나타나는 특징이 있습니다. 아이의 말을 반영하며 들어주기 시작하면, 평소보다 말을 더 안 듣고 엉뚱한 행동을 합니다. 나이보다 어린 행동, 즉 퇴행의 모습을 보입니다.

치료를 시작했는데 아이의 증세가 더 나빠졌다고 호소하는 분도 있습니다. 나빠진 것이 아닙니다. 오히려 좋아지는 과정에서 나타나는 모습입니다. 그동안 엄마 말을 잘 들었던 건, 아이가 참고 긴장하며 엄마의 눈치를 보고 있었기 때문입니다.

평소와 달리 떼를 쓰고 아기 짓을 하고 말을 안 듣는 것은 이제 엄마가 자신을 받아주고 있다는 것을 아이가 느낀 겁니다. 꾸짖지도 않고, 제지하지도 않고, 오히려 잘했다고 칭찬을 해주니 아이는 이제 마음껏 하고 싶은 대로 해도 된다고 생각하는 것입니다.

저는 부모에게 그런 아이의 행동을 다 받아주라고 말합니다. 그런 행동은 그리 오래 가지 않습니다. 그동안 받아들여지지 못했던 욕구들이 충족되면, 아이는 더 말을 잘 듣습니다. 아이 스스로 엄마에게 협조하고 싶은 마음이 생깁니다.

6세 주안이의 놀이는 줄곧 공격적이었습니다. 자동차도 서로 공격했고, 로봇도 공격했고, 사람들도 편을 갈라 서로 공격했습니다.

늘 공격 놀이만을 즐겨 하는 주안이를 바라보는 엄마의 마음은 편치 않았습니다. 함께 즐겁게 놀아주기가 힘들었습니다.

공격 놀이만을 즐기는 아이의 심리는 무엇일까요?

주안이는 힘을 갖고 싶어 했습니다. 힘으로 상대를 제압하고자 했습니다.

힘에 대한 갈망은 어디에서 비롯되었을지 살폈습니다. 권위적인 부모로 인해 억눌린 감정을 놀이 중 공격적으로 표출했던 것은 아닐까 추측하며 가족 간의 대화를 살펴보았습니다.

엄마와 아빠는 주안이에게 존댓말을 사용했습니다. 주안이 역시 존댓말을 썼습니다. 그러나 오가는 말은 어색했습니다. 부모에게 존댓말을 사용하는 이유를 물었습니다. 아이가 자연스럽게 예절을 배우고, 화가 나도 심한 말을 하지 않을 것 같다고 대답했습니다.

얼핏 서로를 존중하는 듯 보였습니다. 그러나 정작 부모는 아이에게 엄격했습니다. 말투와 눈빛이 경직되었고, 작은 행동에도 즉각적인 제지를 했습니다.

아이는 강박적인 모습도 보였습니다. 존댓말을 잠깐 사용하지 않았을 때, 곧바로 엄마에게 말했습니다.

“죄송해요, 제가 반말을 썼어요.”

존댓말을 안 쓴다고 따로 혼내지도 않았는데 왜 그런지 모르겠다고 엄마는 말했습니다.

주안이의 강박 증세는 또 있었습니다. 일터에 있는 엄마에게 수시로 전화를 걸어 고백했습니다.

"제가 나쁜 생각을 했어요. 친구 엉덩이를 상상했거든요. 친구를 죽이는 생각도 했고요."

주안이는 불편한 마음을 털어놓아야 비로소 안심이 되는 모양이었습니다.

"괜찮아, 다음부터 그런 나쁜 생각 안 하면 되지."

엄마로부터 면죄부는 얻었지만 이런 일은 반복될 수밖에 없습니다. 주안이 마음속에 깊이 자리한 불안감이 사라지기 전까지는.

저는 먼저 부모의 존댓말을 제거했습니다.

아이에게 사용하는 존댓말은 자칫 친밀감을 해칠 수 있습니다. 지나치게 격식을 갖추는 관계로 인해 거리감을 느끼게 되며, 부모의 따뜻한 사랑이 아이에게 전해지기 어렵습니다.

존댓말 대신 친절하게 말하는 연습이 필요했습니다. 더불어 구체적 칭찬을 계속했습니다.

"엄마에게 나눠줘서 고마워."

"엄마에게 말해줘서 고마워."

칭찬이 아이의 마음을 열어줍니다. 엄격하고 무서운 엄마가 자신을 칭찬해 줄 때, 아이는 인정받는 느낌이 들고 편안해집니다.

엄격한 부모, 무서운 부모의 경우 '잘했어'라는 칭찬보다 '고마워'라는 칭찬이 효과적입니다. '고마워'라는 칭찬을 들을 때 엄마와 자신이 동등한 위치가 된 것처럼 느껴집니다.

늘 지시하고 혼내는 무서운 엄마였는데, 동등한 입장에서 고맙다고 하니 친구가 된 것 같습니다. 엄마가 좋아지고, 엄마와의 놀이가 즐거워집니다. 인정받고 존중받으니 자존감이 올라갑니다.

한편 '고마워'라는 칭찬이 역효과인 가정도 있습니다.

부모가 지나치게 허용적이어서 권위를 잃어버린 경우입니다. 우스운 부모입니다.

요즘은 하나뿐인 아이를 지나치게 공감하고 존중해 오히려 아이를 힘들게 하는 경우가 있습니다. 엄마는 아이의 감정과 욕구 하나하나에 민감하게 반응하고 채워주려고 노력합니다. 그럼에도 아이는 정서적으로 불안정한 상태에 놓여 엄마는 물론 아이 자신도 힘들어집니다.

이런 아이의 특징은 유독 만만한 대상을 향한 짜증이 심합니다. 그 대상은 주로 엄마와 아빠입니다.

아이에게 가장 잘해주는 사람이 엄마 아빠인데 왜 그러는 것일까요? 그 답은 부모가 권위를 잃어버렸기 때문입니다. 권위를 잃어버린 부모는 아이에게 그저 우스운 존재일 따름입니다. 우스운 존재 앞에서 아이는 제멋대로 행동하고, 그래도 된다고 믿습니다.

아이의 욕구를 허용해주는 양육 태도는 좋습니다. 그러나 지나친 허용은 아이에게 독이 됩니다. 자율성과 자발성을 기르게 될 듯 싶지만 오히려 아이를 불안하게 만듭니다. 아이는 만족할 줄 모릅니다. 욕구가 더 많아지고, 짜증의 강도 역시 점차 심해집니다.

아이의 욕구는 금이 간 항아리와 같습니다. 채운다고 채워지지 않습니다. 부모가 채워주려 최선을 다해도 아이는 더 이상을 끝없이 원합니다. 욕구는 채우는 게 아니고 조절하는 것이기 때문입니다.

일주일을 바쁘게 살아가는 직장인에게 휴일은 꿀처럼 달콤합니다. 반면 실직 상태에 있다면 휴일이 특별하지 않습니다. 금지와 제한이 있어야 허용되는 일이 감사하고 즐겁습니다. 부모가 제한을 두지 않고 지나치게 허용하면, 아이는 오히려 만족하지 못합니다. 불평불만이 커집니다.

4세 하인이는 울음과 떼쓰기를 달고 삽니다. 엄마는 아침에 눈 뜨기가 무섭다고 할 정도입니다.

하인이는 또래에 비해 상상력이 풍부하고 말도 잘합니다. 유독 엄마에게만 짜증이 많습니다. 주변에서는 엄마가 아이에게 너무 휘둘린 탓이라고 말합니다. 그런 이야기를 들을 때마다 엄마는 억울합니다. 엄마로서 아이의 욕구를 최대한 채워주려고 노력했을 뿐입니다.

둘째 때문에 몸도 마음도 피곤하지만 하린이가 해달라고 요구하는 것을 들어주려고 합니다. 그러나 하인이의 요구는 끝이 없고, 끝없이 징징대는 아이 앞에서 결국 엄마는 폭발을 하고 맙니다.

하인이는 왜 엄마에게만 유독 떼가 심할까요?

그 해답은 놀이 현장, 엄마와의 역할놀이에서 발견할 수 있었습니다.

하인이는 엄마에게 항상 친구 역할을 시킵니다. 엄마는 친구가 되어 아이와 놀이를 합니다. 너무나 완벽하게 친구 역할을 해줍니다.

하인이는 아직 놀이와 현실을 제대로 구분하지 못합니다. 하인이에게 엄마는 엄마가 아니고 그저 친구일 뿐입니다. 놀이가 끝났음에도 하인이는 엄마에게 친구를 대하듯 말합니다. 엄마 역시 여전히 친구인 양 받아줍니다.

하인이에게 엄마는 친구처럼 만만한 존재입니다. 자신의 모든 요구를 다 들어줘야 할 사람입니다. 조금이라도 욕구가 채워지지 않으면 거침없이 감정을 쏟아내도 되는 상대가 바로 엄마입니다.

놀이를 하면서 엄마의 권위를 세우는 작업을 함께 진행했습니다.

엄마에게 역할놀이 중 자주 그 역할에서 빠져나와 언어 반영과 행동 묘사, 그리고 구체적 칭찬을 하도록 안내했습니다.

'고마워'라는 칭찬은 금하기로 했습니다. 가뜩이나 친구로 내려와 있는 엄마인데 고맙다는 칭찬으로 아이의 위치를 올려주는 것은 도움이 되지 않았습니다. 대신 '잘했어'라는 칭찬을 사용했습니다.

'고마워'는 동등한 입장이 되는 느낌을 줍니다. 반면 '잘했어'는 윗사람이 아랫사람에게 해주는 칭찬입니다. 평가이기도 합니다. 권위를 가진 엄마가 아이에게 말해주는 칭찬인 겁니다.

칭찬의 말을 바꿨다고 해서 당장 엄마의 권위가 올라가는 건 아닙니다. 아이와의 애착을 잘 형성하고 제대로 된 훈육의 방법을 배워 지시를 내리는 훈련을 통해 잡아나갈 수 있습니다.

아이주도놀이를 거듭하며 변화는 빠르게 나타났습니다.

하인이는 울기와 떼쓰기를 멈췄고, 엄마의 칭찬을 들으려고 바르게 행동하는 예쁜 딸이 되었습니다.

이처럼 '고마워'와 '잘했어'는 같은 칭찬의 언어이지만 부모의 양육태도에 따라 구별하여 사용하는 것이 좋습니다. 평소 무서운 부모는 "고마워"로 친밀감을 높여주고, 우스운 부모는 "잘했어"로 권위를 올려줄 때 아이는 정서적인 안정감을 얻게 됩니다.

자존감 높여주는 칭찬

"좋은 결정을 내렸네."

"좋은 선택을 했구나."

"행동으로 옮긴 거 잘했어."

"약속을 잘 지켰구나."

"책임감 있게 끝까지 잘 했네."

"힘들었을 텐데 잘 참았다."

"하기 싫었을 텐데 잘 마쳤어."

"엄마 말을 들어서 잘했어."

"엄마를 잘 도와줬어, 고마워."

주도성 길러주는 상호작용

1) 누구나 주도적인 삶을 살고 싶다

필자는 부모님에게 공부하라는 말을 들어본 적이 없었습니다. 공부를 잘해도 대학 보낼 형편이 아니었기 때문입니다.

고등학교 시절, 어느 주말이었습니다. 종일 TV를 보다가 저녁 무렵 공부를 시작하려고 마음먹었습니다. TV 앞에 매달려 있는 딸이 보기 싫었는지 불쑥 어머니께서 나무라셨습니다. 공부 안 하고 놀기만 한다면서.

매일 듣던 잔소리가 아님에도 그만 기분이 상했습니다.

"내가 알아서 한다고요."

소리를 지르고는 방으로 들어갔습니다. 그런데 갑자기 공부하기가 싫어졌습니다. 오히려 빈둥거리고 싶어지는, 청개구리 심정이 되었습니다. 지금도 생생히 기억하는 걸 보니, 그때 그 기분의 변화가 특별했던 모양입니다.

사람은 누구나 자신이 상황을 통제하고 싶어 합니다. 자기

의견과 생각이 있는데 그걸 억누르고 지배하려는 외부의 상황과 맞닥뜨리면, 내면에서 거부하고 반항하는 마음이 올라옵니다. 누구나 자기 인생을 스스로 다스리고 싶은 마음이 있고 그걸 인정해 줄 때 즐겁고 행복하게 살아가게 되는 것입니다.

이처럼 인간에게는 자기 삶을 주도적으로 이끌고 싶은 본능이 있습니다. 자기 삶의 주인공이 되고 싶은 것입니다. 아이 역시 예외일 수 없습니다.

치료를 시작하기 전에 몇가지 검사를 진행합니다. 아이와 엄마를 이해하기 위함입니다. 먼저 『TCI 기질 및 성격검사』를 실시합니다. 『TCI 기질 및 성격검사』는 타고난 본연의 자기와 후천적 환경으로 만들어진 현재 자신의 모습을 볼 수 있어서 의미가 있습니다.

기질은 모두가 다르게 타고납니다. 장점과 단점이 있을 뿐 좋은 기질과 안 좋은 기질은 없습니다.

성격은, 타고난 기질이 환경의 영향을 받아 형성됩니다. 그러므로 좋은 성격과 안 좋은 성격이 있습니다. 타고난 기질을 인정받고 존중받아 잘 발휘되도록 성장했다면, 좋은 성격의 소유자가 됩니다. 반면 존중받지 못하고 억압되거나 비난받았다면, 좋지 않은 성격이 만들어집니다.

TCI에서 후천적인 성격을 분석하는 항목은 크게 3가지 영역입니다. 자율성, 연대감, 자기 초월. 이 3가지 영역의 척도가 어우러져 현재의 자신 모습을 가늠할 수 있게 됩니다.

자율성은 자율적 개인에 대한 개념입니다. 즉 '자기가 주인이 되어 스스로의 삶을 이끌어가고 있느냐'에 대한 평가입니다.

자율성의 기준은, 자신이 선택하고 결정하는 능력과 의지력에 달려 있습니다. 선택한 목표와 가치를 이루기 위해 행동을 적절하게 통제하고 적응시킬 능력이 있는가를 살피는 것입니다. 선택에 대한 책임, 목표를 정하고 추진하는 힘, 한계를 수용하는 것 등이 포함됩니다.

자율성 점수가 높은 사람은 성숙하고 의지가 굳세며 책임감이 강합니다. 목표지향적이고 건설적이며 대인관계에서도 통합된 면을 보입니다. 자존감이 높고 자신을 신뢰하며 효율적으로 생각하고 행동합니다.

자율성 점수가 낮은 사람은 어떨까요?

미성숙하고, 유약해 상처받기 쉽고, 남을 원망하거나 비난하는 경향을 보입니다. 의미 있는 목표를 설정하고 추구하는 데 어려움을 겪습니다. 개인의 목표보다는 외부 환경에 행동이 끌립니다. 소신 있고 확고하게 행동하지 못합니다. 결국 자신의 삶을 주도적으로 이끌 수 없습니다.

예를 들어보겠습니다.

기질적으로 호기심이 많고 자극에 대해 도전적인 아이가 있습니다. 이런 아이는 아무래도 말썽을 일으킬 소지가 많습니다. 관심거리가 많으니까요. 그럴 때마다 엄마가 지속적으로 부정적인 피드백을 하면, 아이는 엄마의 눈치를 보며 자신의 기질을 억제합니다. 나아가 스스로 나쁜 아이라고 생각하게 됩니다. 그 결과 주도적으로 자기가 판단하고 행동하는 능력이 약화됩니다.

반대로 호기심이 적고 자극에 대한 관심이 없는 아이가 있습니다. 이런 아이에게 엄마가 적극적으로 행동할 것을 강요합니다. 엄마 치마를 잡고 선뜻 나서지 못하는 아이가 못마땅해 등을 떠밀며 재촉합니다. 아이의 불안감은 점점 더 커지며 스스로 못난 아이라고 생각하게 됩니다. 주도적으로 생각하고 행동할 수 없게 될 것입니다.

이렇듯 아이의 기질을 인정해주지 않는 환경에서 자랄 때, 자율성이 부족한 미성숙한 성격을 형성하게 됩니다.

자율성을 높이기 위해서 어떻게 해야 할까요?

먼저 아이의 기질을 살펴야 합니다.

자극 추구가 높은 아이라면 그 기질을 왕성한 호기심으로 인정해주는 것입니다. 이를 기반으로 조심스럽고 차분하게 탐색하는 방법을 가르쳐 줍니다. 문제를 차분히 대처할 기회를 얻은 아이는 성취감을 맛볼 것이며 시간이 지날수록 자신감을 갖게 됩니다. 나아가 기질에 맞게 적극적으로 행동하는 리더쉽을 발휘합니다. 자율성과 주도성이 높은 아이로 성장할 것입니다.

자극 추구가 낮고, 활동성이 적은 아이라면 편안한 기질을 긍정적으로 받아들입니다. 아이의 기질 속에 담긴 차분함과 계획적 성향을 존중해 줍니다. 주저해도 재촉하지 않고, 불안한 마음을 안심할 수 있는 환경을 제공하며 격려합니다. 부모의 인정과 존중 속에서 아이는 자율성과 주도성을 키워갑니다.

이처럼 아이의 기질을 존중해 주는 부모의 마음가짐이 중요합니다. 기질에 맞게 행동할 지지적인 환경을 제공해 주면, 자율성과 주도성은 높아집니다.

자율성과 주도성이 높다는 것은 자기 인생의 주인공이 되어 살아간다는 의미입니다. 어떤 기질이라도 자신감 있고 당당하게 선택하고 결정하는 아이로 성장할 수 있어야 합니다.

2) 말을 따라하는 것만으로 주도성 발달시킨다

에릭슨은 사회심리학 이론에서 인간의 전 생애에 걸친 발달적 변화를 설명했습니다. 그의 이론에 따르면 인간은 각 단계별로 성취해야 할 과업이 있습니다. 그 과업을 잘 이루어야 다음 단계로 옮겨가며 건강한 발달을 이루어 가는 것입니다.

에릭슨이 제시한 발달의 과정을 설명해보겠습니다.

태어나서 18개월까지는 신뢰감을 형성하는 단계입니다. 엄마의 역할이 매우 중요합니다.

엄마가 일관성 있게 돌봐주고 반응해 주면, 아기는 기본적인 신뢰감을 갖게 됩니다. 엄마에 대한 신뢰는 물론 세상에 대해서도 신뢰감이 생깁니다. 세상은 좋은 곳이고, 사람들은 자신을 잘 돌봐줄 거라는 긍정적인 감정을 가지게 됩니다.

반면 아이의 요구에 무반응 혹은 일관성 없이 돌봐주거나 반응해 준다면 아기는 신뢰 대신 불신을 갖게 됩니다. 엄마도 믿지 못하고 세상도 믿지 못하게 되는 것입니다. '사람들은 날 돌봐주지 않아, 요구해도 소용없어, 내가 알아서 해야 돼' 이러한 부정적인 감정이 자리 잡게 됩니다. 그러다 보니 보채거나 집착하거나, 아예 포기해 울지도 않는 무기력한 모습을 보입니다.

결국, 이 시기에 엄마가 해야 할 가장 중요한 임무는 아기의 요구에 반응해 주는 것입니다. 그 반응은 반드시 일관성이 있어야 합니다. 엄마의 기분에 따라 그때그때 흔들리는, 일관성 없는 반응이어서는 안 됩니다.

18개월에서 3세까지는 자율성을 형성하는 단계입니다.

이 시기에 아이는 "내가"와 "싫어"라는 말을 주로 사용합니다. 많은 것을 탐색하고, 무엇이든 자기 혼자서 하겠다고 합니다. 자기 마음대로 독단적으로 행동하고 고집도 세져서 말로 통제하기가 어려워집니다. 모든 지시에 일단 "싫어"라고 대답합니다. 엄마뿐만 아니라 동생이나 또래 관계에서도 긴장과 갈등의 연속입니다.

에릭슨에 의하면, 이 시기의 발달 과업을 잘 달성하면 아이는 자율성을 형성하게 됩니다. 반대로 과업을 달성하지 못하면 수치심과 의심을 갖습니다.

자율성은 자기가 판단하고 결정하고 실행하는 힘입니다. 멀리 보면 스스로 인생을 결정하고 책임지고 이끌어갈 힘인 셈입니다. 그 힘의 기본 토대는 3세 이전의 영아기에 마련됩니다.

이 시기 아이는 대소변 가리기, 스스로 옷 입고 벗기, 스스로 밥먹기와 같은 훈련을 합니다. 스스로 하겠다는 아이들의 의지를 꺾지 말아야 합니다. 존중해주며 성취할 수 있도록 도와줄 때, 자율성이 길러집니다.

반면 아이의 시도를 인정하지 않고 혼을 내거나 벌을 주면, 아이는 자율성이 발달되지 못합니다. 의존적인 아이가 됩니다. 특히, 아이의 마음속에 수치심이 자리를 잡습니다.

수치심은 자신에 대한 의심과 불신입니다. 자신의 결정을 믿을 수 없고, 실행할 자신도 없는 것입니다. 결국 타인에게 의존하고 눈치를 보게 됩니다.

다음 3세부터 6세까지는 주도성이 형성되는 시기입니다.

아이는 자주 "난 할 수 있어"라고 말합니다. 뭐든 해보려고 합니다. 만들고 모방하는 행동을 주로 합니다. 좀 더 활발하게 사회적 관심을 보이고 공격적으로 탐색합니다. 엄마, 아빠, 형제, 조부모 및 가까운 친척들이 중요하게 영향을 미치는 시기이기도 합니다.

탐색하는 아이의 다양한 활동을 인정하고 존중하면, 주도성이 발달합니다. 반대로 억압하고 제지하고 혼을 내면 주도성 대신 죄의식이 자리잡습니다. "난 할 수 있어"가 "난 할 수 없어"로 바뀝니다. 새로운 것을 시도하지 않게 됩니다. 나서지 않고 가만히 있는 게 안전하다고 느끼기 때문입니다.

지금까지 설명한 자율성과 주도성은 삶의 방향을 결정하는 중요한 요소입니다.

자율적이고 주도적인 아이는 자기다움이 있습니다. 다른 사람에게 의지하지도 영향을 받지도 않으며 자신만의 세계에 집중합니다. 자신감이 있고 자기 생각과 의견을 표현합니다. 새로운 것에 대한 관심과 호기심을 가지고 적극 참여합니다. 옳다고 판단하는 것을 결정하고 행동하는데 두려움이 없습니다.

자율성과 주도성은 건강한 삶의 기본 토대가 됩니다. 이러한 토대 마련이 6세까지 이루어야 할 발달의 과업입니다.

이토록 중요한 발달 과업을 이루도록 어떻게 도와줄까요?

사람은 누구나 자기 생각과 의견을 침해받는 것을 싫어합니다. 그럼에도 부모는 아이의 의견과 생각을 존중하지 않을 때가 많습니다. 아이는 모르기 때문에 모든 것을 부모가 가르쳐줘야 한다고 생각합니다.

그렇습니다. 아이는 단추를 끼우는 것도, 신발을 신는 법도, 숟가락질을 하는 것도 모릅니다. 부모가 가르쳐줘야 합니다.

분명, 일상의 기술은 가르쳐주는 것이 맞습니다. 그러나 아이의 생각마저 가르쳐주는 것은 아닙니다. 생각이나 감정은 가르쳐주는 것이 아니라 존중하는 것입니다. 누구나 그 자체로 존재하기 때문입니다.

그 자체로 존재하는 아이의 생각을 존중하는 놀이가 아이주도놀이입니다. 유아교육기관이나 초등학교 저학년 교육 과정에서도 강조하며, 아이가 주도하는 놀이를 도입하라고 권장하기도 합니다.

그러면 어떻게 하는 놀이가 아이주도놀이인가요?

아이가 선택한 놀이를 같이 놀아주는 것도 좋습니다. 아이들끼리 놀이의 주제를 찾아서 놀도록 하는 것도 필요합니다. 그러나 아이주도놀이의 본질은 아닙니다.

아이주도놀이의 핵심은 아이가 놀이의 주인이 되는 것입니다. 놀이 안에서 아이가 주인이 되는 것이 매우 중요합니다. 아이는 자신이 주도하는 놀이를 통해 마음껏 상상하고 새로운 것을 만들어냅니다.

교육기관에서 아이주도놀이를 적극적으로 권장합니다. 창의력을 길러주는 효과성 때문입니다.

가정에서의 아이주도놀이는 교육기관의 목적보다 더 폭이 넓습니다. 창의력뿐만 아니라 더 많은 효과를 아이에게 줄 수 있습니다. 엄마의 올바른 아이주도놀이 기법을 통해 아이는 평생을 살아가는데 필요한 것들을 습득합니다. 감성적, 인지적, 사회적 관계에 필요한 덕목을 두루 갖출 수 있습니다.

놀이의 주인이 되는 경험은 인생의 주인이 되는 경험으로 연결됩니다. 자기주도학습이 유행처럼 언급되지만 사실 가르쳐서 되는 것이 아닙니다. 경험을 통해 길러집니다. 유아기에 놀이를 통해 길러지고 일상의 경험으로 연결되는 것입니다.

PCIT 아이주도 상호작용이 그 역할을 해줍니다.

아이주도 상호작용에서 하지 말아야 할 것은, 질문과 지시와 비난입니다.

질문과 지시는 놀이의 주체를 바꿉니다. 지시를 하면, 부모가 놀이를 주도하게 됩니다. 부모의 제안이나 의견이 들어가기 때문입니다. 질문 역시, 부모가 놀이의 주도권을 쥐게 만듭니다. 질문을 하는 순간 아이는 자신의 놀이 흐름을 깨고 엄마에게 대답을 해야 하기 때문입니다.

아이주도 상호작용을 올바르게 하면 그 자체로, 부모는 아이의 자율성과 주도성을 인정하는 연습을 하는 셈입니다. 모든 기법들이 주도권을 아이에게 주도록 되어 있기 때문입니다.

언어 반영은 자율성과 주도성을 올려주는 매우 효과적인 기법입니다.

질문과 지시 없이 아이의 말을 따라하는 것만으로 아이의 자율성과 주도성은 올라갑니다. 아이가 대화를 이끌어가고 놀이의 흐름을 주도하기 때문입니다.

언어 반영은 아이의 말을 그대로 받아서 인정하고 존중해주는 표현입니다. 엄마와 아빠가 아이의 말을 따라 하게 되면, 아이는 자기 생각대로 말하고 행동해도 된다는 느낌을 받습니다. 자신의 생각이 온전히 맞다고 인정받는 느낌을 받게 됩니다.

자율성은 내 마음대로 판단하고 행동해도 된다고 인정받을 때 발달합니다.

주도성은 스스로 할 수 있다는 자신감과 함께 발달합니다.

놀이를 자기 마음대로 주장하고 이끌어가는 경험을 통해 아이의 자율성과 주도성이 발달합니다.

3) 기다려주기 어떻게?

우리는 기다리기가 어려운 민족입니다. 해외에서 한국은 '빨리빨리'의 나라입니다. 뭐든 속전속결로 처리되지 않으면 답답해서 견디지 못합니다.

에스컬레이터에서조차 걷는 나라는 우리나라뿐일 겁니다. 은행 대출이 당일 통장으로 들어오는 나라도 우리나라뿐일 테고요. 이렇게 빠른 일처리에 익숙해진 우리는 매사에 기다리는 일이 참 어렵습니다.

부모들의 모습에서도 기다려주기는 보기 어렵습니다. 대부분의 부모들이 쉽게, 너무도 빨리 아이들의 놀이에 개입합니다. 문제가 발견되면 아이가 해결 방법을 생각하기도 전에 부모가 개입해버립니다. 말로 해결법을 알려주거나 행동으로 직접 나서서 해결해줍니다.

놀이 도중 아이가 말합니다.

"빨간색 색종이가 없네."

아이의 말이 끝나기 무섭게 엄마는 빨간색 색종이를 찾아 아이에게 건넵니다.

"에이~, 잘 안들어가."

블록을 끼우던 아이가 한 번에 블록이 들어가지 않자 혼잣말을 합니다. 그러자 엄마가 블록을 빼앗아 끼워줍니다.

일상에서도 마찬가지입니다.

"힘들어."

길을 걷던 아이가 힘들다고 말합니다.

엄마는 아이의 생각을 묻지도 않고 번쩍 안아줍니다.

모두 기다려주지 못하는 태도들입니다.

아이는 엄마에게 빨간색 색종이를 찾아달라고 말하지 않았습니다. 자기가 찾을 생각이었을지 모릅니다. 잘 안들어가지만 블록을 계속 끼워보려고 했을지도 모릅니다. 힘이 들다는 것이지 안아달라는 것은 아니었습니다. 힘이 들지만 자기 힘으로 걸어가려고 했는지 모릅니다.

그러나 엄마는 기다려주지 않았습니다. 아이가 생각할 기회를 주지 않았습니다. 너무 빨리 해결해줌으로 아이가 주도적으로 판단하고 문제를 해결할 기회를 차단한 것입니다. 아이는 자신을 무능하다고 여기게 됩니다. 엄마를 더욱 의존하게 됩니다.

그럴 때 필자는 엄마에게 코칭합니다.

“기다릴게요. 찾아주지 마시고, 언어 반영만 해주세요.”

그제서야 엄마는 손을 멈추고 아이에게 말합니다.

“빨간색 색종이가 없구나.”

아이는 색종이함을 뒤져 빨간색 색종이를 찾아냅니다. 그리고는 만족해합니다.

이때 엄마는 구체적 칭찬으로 반응해 주면 됩니다.

“우와, 빨간색 색종이를 잘 찾았네.”

블록이 안 들어간다고 말한 아이에게도 언어 반영해 줍니다.

“블록이 잘 안들어가는구나.”

그리고 기다립니다.

아이는 몇 번을 거듭한 끝에 결국 해냅니다. 그때 구체적으로 칭찬합니다.

“와~ 잘 안되는 것도 침착하게 잘 해냈네.”

아이는 만족감을 느낍니다. 자신감이 올라갑니다.

기다려주기는 아이의 자율성과 주도성을 높여주는 첫걸음입니다. 놀이에서부터 연습을 시작합니다. 서둘러 해결해 주지않고, 언어 반영하며 기다립니다. 아이가 스스로 하기를 기다렸다가 칭찬해 줍니다.

이 과정을 통해 아이는 성취감을 맛봅니다. 성취의 경험은 자신감과 자존감을 올려줍니다.

4) 주도성을 주는 표현, “도와달라고 말할 수 있어”

“이게 안 빼져.”

바퀴를 빼려고 몇 번을 시도해도 잘 안되자 아이의 얼굴이 일그러집니다. 짜증을 내기 시작합니다. 불안해진 엄마의 손이 나가려고 합니다.

“해주지 마시고, 잘 안되면 엄마에게 도와달라고 말할 수 있어,라고 말해주세요.”

그리고는 기다립니다.

다행히 끝까지 자기 힘으로 해내는 아이가 있습니다. 그때 엄마는 구체적으로 잘했다고 칭찬하면 됩니다.

또는 도와달라고 말하는 경우도 있습니다. 그러면 도와줍니다.

이처럼 아이가 할 수 있도록 기다려주고 해냈을 때 칭찬해주는 것은 아이의 자율성과 주도성을 올려주는 방법입니다.

이때 표현 하나도 중요합니다.

“잘 안되면 엄마에게 도와달라고 말해.”

이 역시 엄마의 지시입니다. 가르치는 말입니다. 엄마가 주도하는 말입니다. 이 말을 들으면 아이는 엄마에게 도와달라고 말해야만 할 것 같습니다.

같은 말을 다르게 합니다.

"잘 안되면 엄마에게 도와달라고 말할 수 있어."

이건 아이에게 주도성을 주는 표현입니다.

도와달라고 말해도 되고 안 해도 돼. 그건 너의 선택이야. 그러나 안 되면 언제든지 도와달라고 말할 수 있고, 그러면 엄마가 도와줄 거야, 이런 의미인 것이죠.

엄마는 그런 존재여야 합니다. 아이가 힘들 때 언제든 도움을 요청하면 기꺼이 도와주려고 대기하고 있는 사람. 든든하게 기다려주는 사람. 그러나 섣불리 아이의 결정을 침해하고 간섭하지는 않고 아이의 선택을 존중하는 사람. 그런 사람이라는 의미를 아이가 알도록 하는 것입니다. 주도권은 아이에게 주고 부모는 도움을 주는 사람이어야 하는 거죠.

그러므로 일방적으로 "이렇게 해"가 아니라 "그렇게 할 수 있어"라고 하면 아이는 자신의 선택이 존중받는 느낌이 듭니다. 어떻게 할지 생각합니다. 그리고 스스로 결정합니다. 이 모든 과정이 아이의 주도성을 발달시키는 과정이 됩니다.

남에게 도움을 청할 줄 아는 것은 매우 중요한 기술입니다. 살면서 혼자 해결할 수 없는 일들이 많이 있으니까요. 그럴 때 누군가에게 도움을 청하고 도움을 받을 수 있다면 훨씬 쉽게 일을 해결할 수 있습니다.

도움을 청할 줄 모르는 아이들은 흔히 뜻대로 되지 않을 때 울거나 짜증을 냅니다. 잘 안되면 화를 내고 가지고 놀던 장난감을 던지기도 합니다. 그럴 때 도와달라고 하면 되는데 아이들은 잘 모릅니다.

아이가 도움이 필요할 때 엄마들이 하는 방법은 흔히 두 가지입니다.

하나는 도움을 요청하기도 전에 해결해 줍니다. 아이가 두 번 세 번 실패하는 것을 기다리지 못합니다.

"이리 줘 봐, 엄마가 해줄게."

"이렇게 하면 돼."

방법을 가르쳐주기 위해서일 수도 있습니다. 문제는, 아이가 도움을 요청하기도 전에 도와준다는 것입니다.

두 번째는 도움을 주지 않는 것입니다. 독립성을 길러주기 위해 아이 스스로 하도록 하는 경우입니다. 넘어져도 혼자 일어나라고 하고, 잘 안되서 짜증을 부려도 네가 스스로 하라고 말하며 도와주지 않습니다.

혼자 힘으로 해결하는 연습은 중요합니다. 그러나 도움을 받는 연습도 필요합니다. 혼자 해보고 싶을 때까지 혼자 하고 그래도 안 될 때는 도움을 받을 수 있다는 것을 알아야 합니다.

이러한 두 가지 방법으로 대처할 때 아이는 도움을 요청하는 법을 배우지 못합니다. 자기 힘으로 잘 안되면 스트레스를 받고 화를 내거나 실패감에 좌절할 수 밖에 없습니다. 도움을 받으면 훨씬 일을 쉽게 해결할 수 있을 텐데 말입니다.

아이주도놀이에서 우리는, 아이가 뭔가 잘 안돼서 좌절할 때 이렇게 말합니다.

"엄마에게 도와달라고 말 할 수 있어."

그리고는 기다립니다.

아이는 자기 힘으로 해결하려고 애를 씁니다. 그러다가 해결했다면 구체적인 칭찬을 해줍니다.

"끝까지 노력하더니 결국 잘 해냈네."

"끝까지 완성하다니, 정말 멋지다."

아이가 하다가 안 돼서 도와달라고 말했다면 그때 도와줍니다. 그리고는 이렇게 칭찬합니다.

"도와달라고 말한 거 잘했어."

"도와달라고 말하는 것도 잘하는 거야."

도움을 요청한 것에 대해 칭찬하는 것입니다. 아이는 알게 되겠죠. 내 힘으로 안 되면 도와달라고 하면 되는 거구나. 아이는 더 이상 떼를 쓰거나 신경질을 부릴 이유가 없어집니다.

자기 스스로 할지 도움을 요청할지, 언제까지 자기 힘으로 해볼지, 이 모든 것을 결정하는 것은 아이여야 합니다. 엄마는 도와줄 준비가 되어있다는 것만 알리고요. 이것이 주도성을 길러주는 엄마의 태도입니다.

5) 주도적으로 놀이할 때 놀이의 재미에 몰입한다

놀이에 집중하지 못하는 아이들이 있습니다. 이 장난감도 잠깐 만져보고 다른 장난감도 슬쩍 손을 댈 뿐, 뭐 하나에 집중하여 놀지 못합니다. 어떤 놀이도 시큰둥합니다. 같은 말만 반복합니다. 재미없으니 집에 가자고 합니다.

놀이에 집중하지 못하는 이유는 여러 가지입니다. 가장 큰 이유는 놀이에 대한 재미를 모르기 때문입니다.

매일 놀이를 하는 아이가 놀이의 재미를 모른다니, 의아할 수 있습니다. 그러나 놀이에 몰입하려면 놀이의 재미에 푹 빠져야 합니다. 한 가지 놀잇감만으로도 오랜 시간 집중할 수 있어야 합니다.

심리적으로 불안한 아이는 놀이에 집중하지 못합니다. 들리는 소리에 민감하고 주변에서 일어나는 일이 신경 쓰는 아이는 놀이의 재미에 빠지지 못합니다.

그런 아이도 아이주도놀이의 횟수가 거듭되면서 놀이 집중도가 좋아집니다. 한 가지 놀이에 집중하는 시간이 길어집니다. 머지않아 놀이의 형태도 다양해집니다.

놀이에 몰입하는 경험은 매우 중요합니다.

몰입하려면 놀이가 재미있어야 합니다. 재미있는 놀이에 빠져 몰입했던 경험은 다른 일에도 몰입할 힘을 얻습니다. 훗날 학습에 몰입하는 경험으로 이어집니다.

놀이가 재미있으려면 몇 가지 요소가 필요합니다.

첫째, 놀이에 스토리가 있어야 합니다.

단지 블록을 쌓아 모양 만들기만 한다면, 성취감이 있을지 모르지만 재미는 없습니다. 쌓아 올린 블록에 누가 살고 있는지, 어떤 기능이 장착되어 있는지, 스토리가 담겨야 흥미로운 놀이가 됩니다. 당연히 놀이가 길어집니다.

유아기 아이는 역할놀이를 즐깁니다. 가상의 세계를 상상하며 이야기를 만들어냅니다. 이야기 속에서 엄마도 선생님도 되면서 놀이의 재미에 빠지게 됩니다. 상상의 세계를 즐기기 때문에 놀이가 재미있습니다.

놀이에 스토리가 담기려면, 아이의 이야기를 흥미진진하게 들어주는 사람이 있어야 합니다. 아이가 하는 말에 언어 반영해 주면, 아이는 말하기가 재미있습니다. 스스로 스토리를 만들고 확장해 갑니다.

엄마가 틀렸다거나 이상하다고 말하지 않고 언어 반영으로 재미있게 들어준다면, 아이의 상상력은 무한대로 펼쳐질 것입니다. 아이는 말이 많아지고 더 많은 스토리를 만들어냅니다. 놀이가 재미있어집니다.

둘째, 아이가 놀이를 주도해야 합니다.

엄마는 아이와 재미있게 놀아주려고 애씁니다. 놀이도 제안하고, 놀이의 상황도 설정하고, 더 재미있게 놀기 위해 놀이를 이끕니다. 그럼에도 아이는 짜증을 내고 놀이에 집중하지 못합니다. 엄마가 주도하는 놀이에서 아이는 재미를 느끼지 못하기 때문입니다.

사람은 누구나 자신이 상황을 통제하기를 원합니다. 그럴 때 쾌감을 느낍니다. 놀이는 아이의 세계입니다. 아이가 자기 마음대로 이끌어갈 때 재미를 느끼게 됩니다.

아이가 놀이를 주도하도록 하고 엄마는 뒤에서 따라가야 합니다. 아이의 말에 올바르게 반영해 주는 것으로 충분합니다. 아이는 놀이에 재미를 느끼며 점점 몰입하게 될 것입니다.

놀이의 주도성은 성장하는 동안 갖춰야 할 많은 것들을 경험하게 합니다.

어떤 놀이를 할 것인지, 무엇을 어떻게 만들 것인지, 어떤 규칙을 적용할 것인지…. 아이 스스로 판단하고 결정합니다. 이러한 놀이 과정을 통해 아이는 주도적으로 판단하고 결정하는 경험을 합니다.

아이가 자석 블록으로 주차장을 만듭니다.

"아, 주차장을 만드는 거구나."

엄마가 감탄하며 행동 묘사를 해줍니다.

"주차장에 지붕도 만드는구나."

아이가 말합니다.

"비가 오면 젖지 않게 하려고."

"와, 비가 올 때 자동차가 젖지 않게 하려는 좋은 생각을 했네."

엄마는 아이의 생각을 칭찬해줍니다.

"차가 들어오면 이 문은 자동으로 열려."

엄마의 칭찬에 아이는 더욱 좋은 생각들을 해냅니다.

"정말 좋은 생각이다."

아이는 계속해서 주도적으로 상황을 만들어갑니다. 아이의 생각은 확장되고 주도성은 커져 갑니다.

주도적인 놀이를 통해 문제해결력도 길러집니다.

"음…. 색종이가 필요한데."

놀이 도중 아이가 말합니다. 놀이실 안에는 색종이가 없습니다. 엄마는 아이의 필요를 채워줘야 한다는 생각에 당황합니다.

이때 필자가 코칭을 합니다.

"오늘은 이 방에 있는 놀잇감으로만 놀 수 있다고 말해주세요."

엄마는 코칭대로 아이에게 말하고 기다립니다. 따로 해결 방법을 제안하지 않습니다.

그러자 아이가 말합니다.

"그럼 하얀 종이에 색깔을 칠해서 쓰면 되겠다."

엄마가 방법을 말해주지 않았기에 아이는 스스로 문제를 해결할 방법을 찾게 된 것입니다.

문제해결력은 창의적 사고에 매우 필요한 요소입니다.

또래 관계에서, 학교생활에서 아이는 수많은 문제 상황에 맞닥뜨리게 될 겁니다. 혼자서 문제를 해결해내는 힘이 있어야 합니다. 놀이 중 문제에 봉착했을 때 주도적으로 해결했던 경험은, 현실에서의 문제해결력으로 연결됩니다.

아이가 방법을 궁리하고 주도적으로 해결하는 동안 엄마는 기다려줍니다. 스스로 해결했을 때 칭찬해줍니다. 이러한 과정을 통해 문제를 해결하는 힘이 길러집니다.

주도적인 놀이는 놀이 자체를 재미있게 만들어줍니다. 아이는 놀이에 몰입하게 됩니다. 하나의 장난감으로 1시간을 꼬박 놀아도 싫증을 내지 않습니다. 몰입의 결과입니다. 이러한 몰입 경험은 아이의 집중력을 향상시킵니다. 또 다른 흥밋거리에 몰입할 수 있는 계기와 동력이 됩니다.

재미있게 노는 아이는 친구들에게 인기가 좋습니다. 상황을 만들며 주도적으로 놀이를 이끌어가는 아이에게 친구들이 모입니다. 놀이의 주도성을 경험하는 것이 중요한 이유입니다.

주도성 높여주는 칭찬

"혼자서 잘 해결했구나."

"끝까지 열심히 하네."

"다양한 방법을 잘 생각하네."

"좋은 생각을 했다."

"문제를 잘 해결했네."

"참 잘 생각했다."

"하기 힘들었을 텐데 잘 했네."

"어려운 건데 열심히 했구나."

"결국 멋지게 해냈네."

사회성 높여주는 상호작용

1) 사회성은 집에서 배우는 것이다

"친구 관계가 좋아졌어요. 늘 만나기만 하면 싸우고 토라지며 지나치게 경쟁적인 모습을 보이던 친구가 있었거든요. 요즘 지민이는 그 아이와 너무 잘 노네요."

엄마는 지민이의 변화가 마냥 기쁘면서도 한편 놀라운 모양입니다.

PCIT를 처음 시작할 때, 지민이 엄마는 지민이의 상태에 대해 호소했습니다.

지민이가 친하게 지내는 친구가 있다. 같이 놀고 싶어 한다. 하지만 너무 경쟁적으로 싸우고 장난감을 빼앗는다. 그래서 피곤하다. 엄마끼리 친하기도 하지만 아이들이 함께 노는 시간이 많으니 어찌해야 좋을지 모르겠다.

지민이의 문제는 그뿐이 아니었습니다. 엄마의 말을 전혀 듣지 않았습니다.

영어 유치원에 다니면서 숙제의 양이 많아졌습니다. 지민이는 숙제를 따라가기 힘들어했고, 엄마는 매일매일 숙제로 채근을 하다 보니 둘 사이가 급격히 나빠졌습니다.

엄마는 소리를 지르고 화내는 일이 많아졌습니다. 그럴수록 지민이는 엄마의 말을 듣지 않았습니다. 엄마가 불러도 대꾸조차 하지 않았습니다. 답답한 엄마의 목소리는 점점 커졌습니다. 지민이는 입을 닫은 채 엄마의 눈치를 볼 뿐이었고, 어떤 일도 자발적으로 하지 않았습니다. 유치원에서의 일도 일체 말하지 않으니 엄마로선 무슨 일이 있었는지 알 수가 없었습니다.

엄마는 지민이가 미웠습니다. 짜증 섞인 투로 말하고 있다는 것을 알면서도, 아이에게 예쁘게 말할 마음이 생기지 않았습니다. 엄마와 지민이, 둘 다 이미 마음의 상처를 입은 상태입니다.

센터를 찾은 첫날, 지민이는 놀이실에서 말없이 놀기만 했습니다. 굳은 얼굴로 입을 다문 채, 엄마와 눈맞춤조차 피했습니다.

그러나 횟수를 거듭하면서 지민이는 변해갔습니다. 말이 많아졌고, 깔깔거리며 웃는 횟수도 잦아졌고, 급기야는 엉덩이 춤을 추며 까불기도 했습니다.

엄마가 자신을 받아주고 있다고 느끼기 시작하면서 아이가 바뀐 것입니다.

짜증만 내던 엄마가 자신의 말을 반영해 주고, 행동을 묘사해 주고, 칭찬까지 해주니 아이의 마음이 풀리기 시작했습다. 머뭇대던 행동이 거침없어졌고, 얼어붙었던 감정들도 빠르게 녹았습니다. 집에서도 엄마를 피해 멀리만 있던 지민이가 이제는 가까이 다가와 엄마 품에 안기고, 사랑한다고 말한답니다.

지민이의 변화는 엄마와의 관계에만 그치지 않았습니다. 친구 관계도 달라졌습니다.

"서로 지지 않으려고 빼앗고, 토라지고 하던 아이들이 요즘은 웬일인지 너무 잘 놀아요. 지민이 친구가 엄마한테 그랬대요. 자기는 지민이가 너무 좋다고, 제일 좋은 친구라고요."

지민이의 친구 엄마가 해준 말이라고 했습니다. 그러면서 지민이 엄마는 어리둥절해 했습니다. 웬일인지 모르겠다고….

아이주도놀이는 아이에게 사랑의 풍성함을 맛보게 해줍니다.

뷔페에서 배불리 먹은 아이는 분식집 떡볶이를 두고 친구와 싸우지 않습니다. 배고픈 아이가 먹을 것을 두고 싸우는 법입니다. 마찬가지로, 엄마의 사랑을 배불리 먹은 아이는 마음의 여유가 있습니다. 친구에게 양보하고 내어줄 수 있습니다. 까

탈스럽게 굴지 않습니다. 자신에게는 이미 엄마의 사랑이 충분하기 때문입니다.

마음이 가난한 아이는 공격적입니다. 친구가 실수로 툭 쳤을 뿐인데 의도가 있다고 생각합니다. 나를 싫어해서, 나를 공격하는 거라고 여깁니다. 나를 보호하기 위해 아이는 상대보다 더 날카롭게 공격합니다.

'농담을 다큐로 받는다'는 우스개 말이 있습니다. '웃자고 말했는데 죽자고 달려든다'고 말하기도 합니다. 이런 사람은 마음이 가난합니다. 상대의 농담을 농담으로 받아줄 마음의 여유가 없습니다. 모든 말이 자신을 공격하는 것 같고, 자신을 비웃는 듯해 농담으로 받지 못합니다.

아이도 그렇습니다. 유난히 까칠하고 화를 잘 내는 아이가 있습니다. 마음이 가난한 아이입니다. 물고, 깨물고, 때리는 아이도 그렇습니다. 마음이 가난합니다. 부모의 사랑이 아이의 마음에 채워지지 못한 탓입니다.

내가 가난한데 남에게 베풀 수 있나요? 친절할 수 있나요? 없죠. 마음이 가난한 아이는 당연히 관계에 어려움을 겪습니다.

어른들은 표정 관리도 하고, 감정을 숨기기라도 합니다. 하지만 아이는 감정을 그대로 드러냅니다. 빼앗고, 때리고, 싸우고, 토라지고…. 사회성이 좋을 수가 없습니다.

서로 다투던 친구가 갑자기 지민이를 제일 좋은 친구라고 하길래 그 이유를 물었답니다. 이유는 지민이가 칭찬을 많이 해주기 때문이랍니다. 지민이에게 칭찬을 들은 친구는 기분이 좋아서 지민이와 싸우지 않게 되었고, 도리어 너무 좋은 친구가 된 것입니다.

엄마가 아이주도놀이에서 사용했던 '구체적 칭찬하기'가 모델링이 된 것입니다. 지민이는 엄마의 구체적 칭찬을 계속해서 들었고, 자신도 친구에게 칭찬의 말을 한 것입니다.

부드러운 말, 예쁜 말, 칭찬하는 말을 들은 아이는 당연히 그 친구가 좋아지겠지요.

이것이 사회성입니다. 아이주도놀이를 통해 이루어지는 사회성 향상입니다.

사회성은 또래 관계를 통해 배운다고 생각합니다. 단체 생활을 하고 학년이 높아지면 저절로 습득할 거라고 생각합니다. 그렇지 않습니다. 많은 사람과 관계를 맺고 살아가는 성인들도 사회성이 부족해 관계에서 어려움을 겪는 사람이 많습니다.

사회성은 또래 관계에서 배우는 것이 아니고 가정에서, 부모와의 관계에서 배우는 것입니다.

아이는 부모의 말과 태도를 통해 습득한 것들을 밖에 나가 친구에게, 선생님에게 그대로 적용합니다. 평소 인정과 존중하는 말을 들은 아이는 친구에게도 존중과 배려를 하게 됩니다. 칭찬의 말을 들은 아이는 친구도 칭찬합니다. 저절로 좋은 관계를 맺을 수 있게 되는 것입니다.

아이주도놀이를 통해 먼저 부모와 좋은 애착을 이루면 아이는 마음이 너그러워집니다. 사랑받은 아이는 사랑을 줄 수 있습니다. 타인에게 존중과 배려, 양보와 협력을 하게 됩니다.

또한 아이의 자율성을 인정해주는 상호작용을 통해 자존감이 올라갑니다. 아이는 자신감 있게 관계를 맺어갑니다.

부모의 좋은 언어 사용은 아이에게 롤모델이 됩니다. 친구 관계에서 자연스럽게 좋은 언어를 사용하게 되니 아이의 사회성은 좋아집니다.

2) 친구와 노는 법을 가르쳐서 유치원에 보내라

3세 민서는 어린이집 생활이 어렵습니다. 친구가 다가오기만 해도 소리를 지르고 공격적으로 대합니다. 때로는 자기에게 무관심한 친구에게 지나치게 다가가기도 합니다.

부모와의 놀이에서도 민서의 사회성 부족이 드러납니다.

민서는 장난감 중 유독 자동차를 좋아합니다. 엄마나 아빠가 함께 놀기 위해 자동차를 잡으려 하면 바로 소리를 칩니다.

"민서 거, 민서 거."

아예 건드리지도 못하게 합니다. 이런 반응은 다른 장난감에도 동일합니다. 엄마 아빠가 장난감을 들기만 해도 자기 것이라며 빼앗으려 합니다.

그때마다 언어 반영하며 장난감을 넘겨주라고 코칭합니다.

"아, 민서 거구나."

"이것도 민서 거구나."

그동안 부모는 민서의 태도를 고쳐주려고 했습니다. 친구와 어울리지 못할 것이 염려되었기 때문입니다.

"아니야, 함께 노는 거야."

"아빠에게도 나눠줘야지."

이렇게 말하며 같이 노는 것을 가르치려고 했습니다.

그러나 민서는 아직 함께 놀 준비가 되어 있지 않았습니다. 자기 것을 누군가에게 나누어줄 만큼 마음 부자가 아니었습니다. 민서의 마음속에 엄마 아빠의 사랑이 충분하지 않았기 때문입니다.

코칭하면서 민서의 사회성을 높이기 위해 몇 가지에 중점을 두었습니다.

첫째는 함께 노는 즐거움에 대해 구체적인 칭찬을 했습니다.

"아빠는 민서랑 함께 노니까 정말 재미있다."

"엄마는 민서랑 같이 노니까 너무 좋아."

아이가 조금이라도 상대와 함께하려는 의지를 보일 때마다 칭찬을 했습니다. 함께 노는 것은 재미있고 좋다는 걸 아이가 자연스럽게 경험하도록 했습니다.

둘째는 나눠주거나 배려해줄 때 칭찬했습니다.

엄마가 자동차를 집을 때마다 "민서 거" 하면서 빼앗던 민서가 어느 날 자동차 하나를 엄마에게 주었습니다. 엄마는 그 순간을 놓치지 않고 구체적으로 칭찬했습니다.

"엄마에게 나눠줘서 고마워."

"민서가 엄마에게 자동차를 나눠줘서 엄마도 재미있게 놀게 되었네. 고마워."

"엄마를 생각해줘서 고마워."

나눠주고 배려해주는 것이 좋은 것이라는 것을 알도록 칭찬합니다.

셋째는 서둘지 않고 서서히 아이의 스텝에 맞춰 놀이에 참여했습니다. 엄마와 아빠는 민서의 놀이에 참여하려고 시도했다가 민서가 "민서 거" 하며 엄마 아빠의 장난감을 빼앗아가면 바로 뒤로 물러서기를 반복했습니다. 무리하게 침범하지 않으면서 가끔 한번씩 참여하기를 시도했습니다.

회기가 지나면서 민서는 서서히 달라졌고 조금씩 엄마 아빠를 놀이에 참여시켜주었습니다.

"아빠도 민서를 따라가야지."

하며 아빠가 자동차를 움직여도 민서 거라고 빼앗지 않았고 함께 놀기도 했습니다.

아이주도놀이가 끝날 무렵, 함께 하는 놀이가 자연스러워졌습니다.

"비켜줘."

민서는 엄마의 자동차에게 비켜달라고 말합니다.

"돌아서 가야지."

아빠의 자동차를 피해 가기도 합니다.

함께 놀이하며 상대를 배려하고 자연스럽게 상호작용도 합니다.

엄마 아빠와 함께 노는 법을 배운 민서는 어린이집 생활도 달라졌습니다. 친구들과 어울리는 게 어렵지 않았습니다.

아이들의 사회성은 말로 가르칠 수 없습니다. 친구와 사이좋게 놀아야 한다고, 양보하고 나눠줘야 한다고 말로 설명해도 소용없습니다. 놀이를 통해 자연스럽게 배우고 익히도록 해야 합니다. 함께 노는 것이 재미있다는 것을 경험한 아이가 친구와 함께 놀 수 있습니다.

사회성 기술은 먼저 가정에서 엄마 아빠와의 상호작용을 통해 배워야 합니다. 엄마 아빠와의 관계에서 배운 대로 친구들에게도 하기 때문입니다.

부모에게 칭찬을 들은 아이가 친구를 칭찬합니다. 엄마를 배려해 칭찬받은 아이가 친구도 배려할 줄 알게 됩니다. 이처럼 좋은 또래 관계를 위해 필요한 모든 기술은 놀이를 통한 부모와의 상호작용에서 배우게 되는 것입니다.

3) 사회성은 후천적으로 길러진다

아이가 어린이집에 가면서 엄마의 걱정이 시작됩니다. 어린이집 선생님으로부터 아이의 생활에 대한 피드백을 받게 되기 때문입니다.

"친구를 밀고 때려요."

"친구가 장난감을 가져가면 물어요."

"친구와 어울리지 못하고 혼자 놀아요."

또래 경험이 시작되면 아이는 다양한 모습을 보입니다. 때리고 뺏는 식의 폭력성을 나타내기도 하고, 사회성 부족으로 함께 어울리지 못하기도 합니다.

"그동안 엄마 아빠와만 지낸 탓일까요?"

"시간이 지나면 사회성이 생겨 또래 아이들과의 관계를 잘 할 수 있게 되겠죠?"

부모의 걱정 섞인 의문에 대한 답은, 그렇기도 하고 아니기도 합니다.

선천적 기질 특성과 후천적 성격 특성은, 아이의 사회성에 영향을 미칩니다.

기질과 사회성의 연관성을 이해하기 위해 『TCI 기질 및 성격검사』를 다시 한번 설명해보겠습니다.

선천적 기질 특성에는 네 가지 요소가 있습니다.

자극 추구, 위험회피, 사회적 민감성, 인내력.

먼저 이 요소들이 높고 낮은지를 측정합니다. 그리고 각각의 요소가 상호 영향을 주어 드러내는 기질의 특징을 분석합니다.

관계를 잘 시작하는(사회성이 좋은) 아이는 자극 추구가 높고, 위험회피가 낮고, 사회적 민감성이 높습니다. 새 친구를 만나면 호기심과 관심이 강하게 생기는 아이, 충동이 생기면 주저함이 없는 아이, 민감성이 높아 친구의 표정과 마음을 잘 읽을 수 있는 아이이기 때문이죠.

"현지가 친구들과 영 어울리지를 못하네요. 누굴 닮아서 그런지 모르겠어요."

엄마는 자신과 다른 모습의 현지 때문에 걱정이 많습니다. 사실 엄마는 친구도 많고, 어느 모임에서든 좋은 평을 듣습니다.

현지 엄마는 사회적 민감성이 높은 편입니다. 사람들이 좋아하는 행동을 잘 알고, 거기에 맞춰 행동합니다. 사회적 민감성이 높은 기질이 사회성을 향상시킨 경우입니다.

이처럼 사회적 민감성이 높은 기질의 아이가 관계 맺기에 유리합니다. 그러나 반드시 기질에 의해 사회성이 결정되진 않습니다.

기질은 선천적인 특성입니다.

성격은 각자의 기질 특성이 환경과 만나 후천적으로 만들어집니다. 즉, 아이의 기질을 어떻게 받아들여 주고 반응하느냐에 따라 성격이 형성되는 것입니다.

성격의 특성 중 하나가 연대감입니다. 연대감은 나와 주변, 사회와의 관계를 의미합니다.

어느 누구도 혼자 살아갈 수 없습니다. 사회의 구성원들과 상호작용을 하며 살아가기 마련입니다. 좋은 관계를 만들기 위해선 협력하고, 양보하고, 타협할 수 있어야 합니다. 타인을 인정하고, 배려하고, 공감도 해야 합니다. 이러한 능력을 연대감이라고 합니다. 연대감이 높으면 당연히 사회성이 좋습니다.

기질적으로 사회적 민감성이 높으면 연대감이 높을 확률이 높습니다. 친구의 감정을 잘 알고 느낄 수 있으니 서로 맞추려고 노력하니까요.

그러나 사회적 민감성이 높아도 연대감이 낮은 아이가 있습니다.

기질적으로 타인의 감정을 민감하게 느끼기 때문에 사랑받고 인정받기를 원합니다. 그 욕구가 채워지지 않을 때, 아이는 큰 상처를 받습니다. 자신이 충분한 사랑을 받지 못했기 때문에 친구들에게도 까칠하게 굴겠죠. 친절하고, 다정하게 배려하고, 양보하는 모습을 보일 수 없으니 당연히 연대감이 낮은 아이가 되고 맙니다.

결국 사회성은 선천적으로 가지게 되는 기질이 아니라 후천적으로 형성되는 성격 부분에 해당됩니다. 원래 사회성이 부족한 아이로 태어난 것이 아니라, 사회성이 부족한 아이로 양육된 것이지요. 다시 말해 아이를 둘러싼 환경이 사회성을 길러주지 못한 셈입니다.

아이의 사회성을 높이기 위해선 가정의 분위기가 중요합니다. 아이는 배려하고 양보하고 협력하는 부모의 태도를 보며 성장해야 합니다. 실수하고 잘못했을 때 부모로부터 용납받는 경험을 해야 합니다. 갈등이 생겼을 때 소리지르고 싸우는 모습이 아닌 대화로 차분히 해결하는 모습을 보아야 합니다. 미안하다고 사과하며 화해하는 모습도 보아야 하고, 고맙다고 인사하는 모습도 보아야 합니다.

아이의 사회성은 가정에서 경험한 사회적 기술에서 출발합니다. 그 경험을 그대로, 아이는 사회에서도 사용할 것입니다.

4) 관계를 받아들이는 부드러운 마음이 먼저다

4세 우주의 깨무는 행동 때문에 엄마는 고민이 많습니다.

우주는 기분이 좋아 흥분해도, 화가 날 때도 상대를 깨뭅니다. 어린이집에서는 친구가 다가오기만 해도 소리를 지르고, 자신이 놀고 있는 장난감에 손을 뻗으면 곧바로 물어버립니다.

"남편이랑 제가 성격이 비슷해 화가 나면 목소리가 좀 커지는 편이에요. 금방 풀어지기도 하지만 아이 앞에서 종종 싸웠거든요."

부부싸움이 우주의 행동을 유발시킨 것은 아닐까 하는 엄마.

직접적 원인으로 단정할 수는 없지만 어떤 식으로든 영향을 미쳤을 겁니다. 부부 갈등은 유아기 아이의 심리를 불안하게 만들기 때문입니다.

우주는 또래에 비해 말이 늦습니다. 우주처럼 언어 표현이 서툰 아이는 위험이 감지되거나 감정적으로 흥분되면 무는 행동으로 갈등 상황에 대처하는 모습을 보이기도 합니다.

부부싸움에서 큰 목소리로 다투는 엄마와 아빠를 통해 아이는 갈등 상황에서 소리를 지르고 상대를 공격하는 것을 배웠을 겁니다. 무는 행동은 언어 표현이 서툰 아이가 할 수 있는 자기 방어적인 행동이고요.

"아이가 물지 않게 하려면 어떻게 해야 하나요?"

엄마는 직접적인 처방을 원했습니다. 물지 못하도록 하는 비법이 있을까요?

그 전에 알아야 할 점이 있습니다.

아이의 잘못된 행동에 초점을 맞춰선 안 됩니다. 행동은 문제의 곁가지에 불과합니다. 뿌리는 정서입니다. 곧 문제의 본질입니다. 다시 말해 불안한 정서가 안정을 이룰 때, 비로소 잘못된 행동이 바로잡힙니다.

불안한 아이의 정서를 안정시키기 위해 꾸준히 아이주도놀이를 지속했습니다. 아이의 말에 언어 반영해 주고, 행동을 묘사해 주고, 구체적인 칭찬으로 상호작용했습니다.

두 달째 되는 날, 엄마가 말했습니다.

"아이가 자기를 존중하고 있다고 느끼는 것 같아요. 말도 훨씬 잘 듣고, 무는 행동도 많이 줄었어요."

부부가 아이 앞에서 큰 소리 내는 일도 없어졌다고 했습니다. 부부가 함께 아이를 데리고 수업에 오고, 같이 기술을 배워 적용하고, 어긋났던 양육에 대한 생각도 일치하게 되니 다툴

일이 없어졌답니다. 또 서로 노력하는 모습을 보며 고마워하는 마음이 생겨 부부 사이도 좋아졌다고 했습니다.

부모에게 존중받고 있다는 느낌과, 친절한 말이 오고 가는 가정 분위기 속에서 아이의 마음은 편안해졌습니다. 바로 정서적 안정을 이룬 것입니다. 당연히 언어 표현이 좋아지고 무는 행동도 사라졌습니다.

이처럼 가정 안에서 부모의 모습과 상호작용 패턴이 아이들의 사회성 발달에 영향을 미칩니다. 아이주도놀이의 언어 기술은, 부모와 아이뿐 아니라 부부 사이에도 적용이 가능합니다. 자연스럽게 일상의 모든 언어 생활을 바꾸어 놓게 됩니다.

인정하고 수용하고 지지하는 언어, 칭찬하는 언어를 통해 아이는 마음이 편안하고 풍요로워집니다. 마음이 풍요로우면 행동이 변합니다. 타인에게 관대해지고 베풀 수 있게 됩니다. 공격하고 방어하기보다는 배려하고 양보합니다. 관계 맺기의 토대가 마련되는 것입니다.

사회성이 부족한 아이에게 무엇보다 중요한 것은, 먼저 관계를 받아들일 수 있는 부드러운 마음을 만들어주는 것입니다. 존중하고 인정하고 수용하는 상호작용으로 아이의 마음을 다져주면 아이는 타인에게 마음을 열게 됩니다.

그런 다음 놀이를 통해 사회성 기술을 가르칩니다. 엄마가 사회성을 염두에 둔 언어들을 사용하면, 아이는 친구들과의 관계에서 그 언어를 그대로 사용하게 됩니다.

5) 사회성 높이는 부모의 역할

아이의 사회성 향상을 위한 언어 사용과 태도는 다음과 같습니다.

첫째, 양보와 배려를 배우는 말을 사용합니다.

아이가 케익을 잘라 접시에 담아 엄마에게 줍니다. 엄마가 구체적으로 칭찬합니다.

"엄마에게 나눠줘서 고마워."

"엄마를 생각해줘서 고마워."

나눠주고, 엄마를 생각해주는 마음을 강조해 칭찬하는 것입니다. 나눠주는 것은 좋은 것이라는 것을 아이가 알도록 하는 칭찬입니다. 엄마를 배려하고 생각해주는 마음을 칭찬하는 것입니다.

"친구를 옆에 태워주었구나. 친구를 생각해서 같이 태워줘서 잘했네."

"말에게 당근을 먹여주었구나. 말이 배고플까 봐 맛있는 당근을 잘 먹여줬네."

이런 말을 자주 들은 아이는 나눠주고 친구를 배려하는 마음이 좋은 거라는 걸 알게 됩니다. 머릿속에 자동으로 입력이 됩니다. 암묵적 학습이 되는 것입니다. 그리고 학습된 이 태도는 친구와의 관계에서 그대로 적용이 됩니다. 사회성이 좋은 아이로 성장하는 것입니다.

둘째, 잘못을 인정하고 바로잡습니다.

채널A의 '아이콘택트'라는 프로그램에서 탤런트 장광우 씨가 아들과의 해묵은 오랜 감정의 골을 푸는 내용을 보았습니다.

30대 아들은 오랫동안 아빠를 마음에서 밀어내고 벽을 쌓고 살았습니다. 프로그램에서 처음 그 사연을 풀어놓았습니다.

어린 시절 학교에서 무언가 억울하게 누명을 쓴 일이 있었습니다. 주변 사람들이 모두 오해를 하고 자신의 말을 믿어주지 않아 아들은 너무나 억울했다고 합니다. 그런데 집에 돌아왔을 때 아빠가 자신의 말을 들어볼 생각도 하지 않고 혼을 냈습니다. 아들은 아빠에게 분노했고, 아빠가 더 이상 자신을 보호해줄 어른이 아니라고 판단했습니다. 그날 이후 아들은 아빠에게 마음을 닫았고 소통하지 않고 30년을 살아왔던 것입니다.

그 말을 들은 아빠는 어떤 변명도 항변도 하지 않았습니다.

그저 이렇게 말했습니다.

"몰랐구나. 아빠가 미안하다."

30년을 묵은 감정은 아빠의 인정과 사과 한마디로 허물어졌습니다. 그들은 눈물의 포옹을 했습니다.

잘못은 누구나 할 수 있습니다. 부모인 어른도 실수하고 오해하고 잘못합니다. 중요한 것은 잘못을 인정하는 태도입니다. 오해를 바로잡고 사과하는 모습입니다.

부부간에도, 부모와 자녀 사이에도 이러한 태도가 중요합니다. 이러한 모습을 보고 자란 아이는 오해를 사과하며 바로잡을 수 있게 됩니다.

비 온 뒤에 땅이 더 단단해진다는 말이 있습니다. 오해를 풀고 화해를 하면 더 깊은 이해로 나아갑니다. 이러한 화해의 기술을 안다면, 아이들은 더 깊은 친구 관계를 만들어갈 수 있게 됩니다.

"엄마가 실수로 넘어뜨려서 미안해."

장난감이 넘어졌다고 짜증을 내는 아이에게 엄마는 미안하다고 사과합니다. 실수의 의미와 사과의 태도를 아이는 받아들입니다.

"다시 세우면 되지. 왜 짜증을 내."

"너도 지난번에 그랬잖아."

엄마가 변명하면 아이도 변명합니다. 잘못을 인정하면 부끄러운 일이라고 생각하게 됩니다.

자기변명과 방어적인 태도는 관계를 어렵게 합니다. 가정에서 부부가 서로에게, 부모가 자녀에게 먼저 사과하는 모습을 보여야 아이의 사회성이 좋아집니다.

셋째, 함께 노는 재미를 경험해야 합니다.

사회성이 떨어지는 아이의 특징은 함께 놀지 못하는 것입니다. 혼자 놀거나 함께 놀려고 오는 친구들을 밀어냅니다. 이유는 함께 놀이의 재미를 알지 못하거나, 놀이에 개입하는 친구가 자신을 공격한다고 느끼기 때문입니다.

함께 하는 놀이가 재미있다는 것을 경험해야 합니다. 그러나 서둘지 말고 천천히, 아이가 허락하는 한도에서 개입합니다.

엄마가 친구의 역할을 하며 슬쩍 아이의 놀이에 끼어봅니다. 아이가 공격하거나 싫어하면 다시 빠집니다.

"안녕? 난 너의 친구 삐리리야."

"같이 노니까 재미있다."

"난 네가 좋아. 넌 자동차를 빠르게 잘 운전하는구나."

가급적 아이를 칭찬하는 호의적인 친구 역할을 해주면 좋습니다. 친구로 변한 엄마가 자신을 칭찬해 주면, 아이는 친구에 대해 좋은 그림을 갖게 됩니다. 밖에 나가서 만나는 친구도 그렇게 말해줄 거라고 상상하게 됩니다. 아이는 누군가와 함께 하는 놀이가 이렇게 기분 좋고 즐거울 거라는 이미지를 갖게 됩니다.

이러한 상호작용으로 함께 놀이하는 장면이 익숙해지면 어린이집이나 유치원에 가서도 자연스럽게 친구들과 어울려 놀이하게 됩니다.

사회성 높여주는 칭찬

"친구와 재미있게 잘 노는구나."

"친구에게 잘 빌려주었네."

"친구에게 양보하는 거 멋지다."

"친구를 생각해주는 마음이 너무 멋지다."

"나눠줘서 고마워."

"같이 노니까 더 재미있다."

"고맙다고 말해줘서 고마워."

"너는 참 멋진 친구구나."

Chapter 4

PCIT 아이주도놀이로 달라지는 아이들

7세 같은 5세,
3세 같은 5세는 사고력의 차이

민혁이는 5세입니다.

민혁이에게는 엄마의 말이 허공에 울리는 메아리 같습니다. 청각에 문제가 있는 건 아닙니다. 엄마의 지시에 따르지 않을 뿐입니다. 여러 번 말을 해도 듣지 않으니 엄마는 결국 소리를 지르고 화를 내고, 급기야 엉덩이를 때리기도 했습니다.

민혁이는 자기의 고집을 꺾지 않습니다. 떼를 쓰기 시작하면 도무지 멈추지 않아 결국 엄마의 항복을 받아냅니다. 친구들 장난감을 함부로 넘어뜨리고, 조금이라도 감정이 상하면 손이 먼저 나갑니다. 친구를 때리지 못하면 자기 몸을 때리고 머리를 바닥에 찧기도 합니다. 말로 설명하며 소통할 수 없습니다.

리현이도 5세입니다.

엄마와 걸어서 혹은 버스를 타고 상담실에 오는 것을 즐깁니다. 끝나고 키즈카페에 가고 싶다고 말합니다. 하지만 엄마가 집으로 가야 할 이유를 설명하니 곧 받아들입니다. 합리적 인 이유를 설명하면 당장 하고 싶은 일도 참고, 하기 싫은 일이라도 받아들입니다.

민혁이와 리현이의 차이는 무엇일까요?

민혁이는 5세이지만 3세처럼 행동합니다.

언어 이해력이 떨어지는 아이처럼 말을 알아듣지 못합니다. 아기처럼 기본 욕구에만 충실합니다. 갖고 싶은 것, 하고 싶은 것이 있으면 허용될 때까지 떼를 씁니다. 욕구를 충족시키기 위해 울고 떼쓰고 때리는 행동을 반복합니다.

리현이는 5세이지만 7세처럼 행동합니다.

엄마의 말을 이해하고 받아들입니다. 자기의 욕구를 충족시키기 위해 무조건 고집부리지 않습니다. 욕구를 누르고 참을 줄 알고, 하기 싫어도 해야 한다는 것을 압니다. 엄마의 말을 잘 듣습니다. 엄마를 돕고, 엄마에게 협조하고 싶어합니다.

어떤 아이는 5세가 되어도 3세처럼 행동합니다. 어떤 아이는 7세처럼 의젓하게 행동합니다. 그 차이는 어디서 오는 것일까요?

사고력입니다.

사고력은 문자 그대로 생각하는 힘입니다. 이것은 교육을 통해 발달하지 않습니다. 문제를 풀고 공부를 잘하는 것과 관계가 없습니다. 나이가 들고 학년이 올라간다고 저절로 생겨나지 않습니다.

사고력 발달은 환경에 좌우됩니다. 아이 스스로 생각하고 행동할 수 있는 환경을 조성해 주어야 합니다. 부모에게 의존하는 환경 속에서 아이의 사고력은 자라지 않습니다. 모든 것을 부모가 지시하고 가르쳐주고 해결해 주면 아이는 스스로 생각하고 판단할 기회를 갖지 못합니다. 부모가 하라는 대로 하기만 하면 되니, 혼자서 문제를 해결할 필요도 기회도 없어지는 것입니다. 사고력이 발달하지 않으니 아이는 나이보다 어리게 행동하게 됩니다.

아이주도놀이는 사고력을 길러주는 환경을 제공해 줍니다. 놀이 중의 상호작용으로 사고력을 향상시키게 됩니다. 아이주도놀이가 사고력을 올려주는 이유는 다음과 같습니다.

첫째, 아이에게 놀이의 주도권을 줍니다.

아이가 원하는 놀이를 선택하고 결정합니다. 역할을 결정하고 놀이의 방향을 이끌어 갑니다. 언제든 놀이를 바꿀 수도 있고 중단할 수도 있습니다. 상황을 만들어내고, 상상하고, 확장해 갑니다. 이 모든 과정이 사고력입니다. 선택과 판단, 결정의 과정을 통해 사고력이 자라게 되는 것입니다.

엄마는 지지하고 칭찬만 합니다. 이러한 주도적인 환경 가운데 아이는 스스로 생각하는 힘이 길러집니다.

둘째, 놀이 중 스스로 문제를 해결하는 경험을 합니다.

아이주도놀이에서 엄마는 놀이를 이끌지 않습니다. 주도권이 아이에게 있기 때문에 엄마는 지시도 개입도 하지 않습니다. 뜻대로 되지 않는 상황에서 엄마는 나서서 문제를 해결해 주지 않습니다. 아이가 해결하도록 기다립니다. 아이가 도움을 청하면 그때 도와줍니다. 엄마에게 도움을 청할 것인지, 스스로 해결할 것인지를 판단하는 것도 아이 자신입니다.

스스로 문제를 해결했을 때, 아이는 문제해결력이 생깁니다. 또한 스스로 해냈다는 성취감이 곧 자신감과 연결됩니다. 이처럼 놀이에서 문제를 해결하는 작은 성공의 경험이 생각하는 힘을 길러줍니다.

셋째, 자기 행동의 원인과 결과를 생각하도록 합니다.

좋은 행동을 했을 때는 칭찬합니다. 나쁜 행동을 할 때는 무시합니다. 짜증을 내고 화를 내면, 엄마가 아무 말도 하지 않고 관심도 주지 않습니다. 부드럽게 말했더니 엄마가 칭찬을 합니다.

"예쁘게 잘 말했네. 예쁜 목소리로 말하니까 엄마가 기분이 좋다."

"엄마에게 친절하게 설명해 줘서 고마워."

이제 아이는 생각하게 됩니다. 예쁜 목소리로 말하면 엄마가 좋아한다는 사실을. 엄마의 칭찬을 듣고 싶은 아이는 짜증내는 행동을 하지 않게 됩니다.

이렇게 자기 행동의 원인과 결과를 생각하도록 해야 사고력이 자랍니다. 짜증 내지 말라고, 예쁘게 말하라고 백번 잔소리해도 소용없습니다. 아이 스스로 생각하지 않았기 때문입니다.

말로는 아이의 사고력을 길러줄 수 없습니다. 스스로 자기 행동의 원인과 결과를 생각하는 과정을 거쳐야 사고력이 자랍니다. 아이의 행동에 대한 적절한 반응을 보여줄 때 스스로 생각하는 힘이 길러집니다.

넷째, 사랑과 존중을 받은 아이가 상대를 존중하고 사랑합니다.

아이주도놀이를 통해 아이는 엄마의 사랑과 존중을 느낍니다. 아이의 선택과 결정을 무조건 따라가 주고, 옳다고 인정해 주기 때문입니다. 존중받은 아이는 엄마의 말을 존중합니다. 스스로의 판단으로 엄마에게 협조하고 싶어집니다. 엄마의 지시를 명령과 강요가 아닌, 아이 자신에 대한 사랑과 존중의 행위로 받아들입니다. 지금 당장 하고 싶지만 참기도 하고, 하기 싫은 일도 참고 할 수 있는 힘이 생깁니다.

올바른 상호작용으로 아이주도놀이를 할 때, 아이의 생각하는 힘이 자랍니다.

사고력이 자란 아이는 자신의 욕구를 의지로 다스릴 줄 알게 됩니다. 상대를 배려하고 협력하고 싶어집니다. 좀 더 어른스럽게, 의젓하게 행동합니다. 어린 아기처럼 본능에 따라 행동하지 않게 됩니다.

아이의 사고력이 자라면 양육이 쉬워집니다. 엄마 말에 쉽게 협조하고 따르면 잔소리를 반복할 일이 없어집니다. 엄마와 감정적으로 대치하지 않습니다. 무엇보다 아이가 정서적으로 안정되어 이상 행동을 그치게 됩니다.

강박 증세 보이는 아이는 불안한 것이다

놀이 중 만들어놓은 장난감이 쓰러지자, 6세 제이는 소리를 지르고 화를 냅니다.

"얘가 말썽부렸어요!"

"말썽부려서 경찰이 감옥에 넣었어요."

"너, 왜 말썽부려! 혼나야 돼."

제이의 분노에 찬 표현이 필자는 오히려 반가왔습니다. 그동안 엄마 말에 기계적으로 '네네'만 하던 아이였기 때문입니다.

제이는 불안과 긴장이 극심했습니다.

놀이 도중 밖에서 소리가 나면 눈이 휘둥그레지며 긴장했습니다. 집에서는 세탁기 돌아가는 소리, 밥솥에서 김빠지는 소리가 나면 달려가서 그 앞에 서 있는다고 했습니다.

새 옷으로 갈아입히려면 애를 먹는다고도 했습니다. 땀이 나고 더러워져도 한번 입은 옷을 벗는 것은 무척이나 어려운 일이었습니다.

놀이터에서 놀다가도 일을 도와주시는 할머니가 가시기 전에는 꼭 집에 돌아와 인사를 해야 하는 등의 루틴도 있었습니다.

엘리베이터가 빨리 내려오지 않는다고 엘리베이터를 큰소리로 꾸짖고, 공공장소에서 주변 상황을 고려치 않고 큰소리로 말하는 등의 행동으로 엄마를 당황스럽게 했습니다.

말썽을 부렸다고 화를 내는 아이에게 엄마는 언어 반영을 해준 후 구체적 칭찬을 해주었습니다.

"말썽부렸지만 제이가 이해하고 잘 놀아줘서 잘했네."

"넘어진 장난감을 제이가 다시 잘 세워줬네."

아이주도놀이가 이어지던 어느 날, 엄마와 그림을 그리는 중이었습니다.

"엄마는 자꾸 삐져나오고 잘 안되네."

엄마의 말에 제이가 대꾸했습니다.

"괜찮아요. 그럴 수도 있죠. 삐져나와도 괜찮은 거예요."

깜짝 놀랄 만한 반응이었습니다. 어느 사이 제이는 너그러운 아이가 되어 있었습니다. 아이의 마음이 편안해지니 자신의 실수는 물론 상대의 실수마저 너그럽게 대할 줄 알게 된 것이었습니다.

"엄마도 잘 칠했어요."

엄마에게 칭찬까지 해주는 아이가 되었습니다.

"삐져나와도 괜찮다고 말해줘서 고마워."

"엄마 칭찬해줘서 고마워."

엄마는 상대를 칭찬할 줄 아는 아이를 마구 칭찬해주었지요.

그날 수업이 끝나고 제이의 변화에 엄마는 끝내 눈물을 보였습니다.

제이 엄마는 어린 나이에 제이를 낳았습니다. 동대문에 매장을 가지고 있는 제이 엄마는 밤과 낮을 바꿔가며 바쁘게 일을 하는 중이어서 제이는 전적으로 할머니 할아버지의 손에 맡겨졌습니다. 조부모님은 하루종일 TV 앞에 아이를 앉혀놓고 먹을 것만 제공했을 뿐 정서적인 필요를 알지 못했습니다. 엄마 역시 그냥 먹이고 입히기만 하면 되는 줄 알았다고 합니다.

커가면서 아이는 엄마와 눈맞춤이 되지 않았고, 묻는 말에도 단답형의 대답만 할 뿐 소통이 되지 않았습니다. 여러 가지 불안과 강박적인 증세들을 보였습니다. 밤이 되면 그림책을 보면서 이유없이 눈물을 흘리며 울었고, 엘리베이터가 사람인양 혼을 내는 등 종종 상황에 맞지 않는 분노를 표출하기도 했습니다.

깜짝 놀란 엄마가 제이를 데리고 센터에 왔고, 우리는 8개월가량을 꾸준히 만났습니다.

아이들은 세상이 다 무섭습니다. 낯설고 알지 못하는 것들로 가득 차 있는 세상. 그 무서운 마음을 아무도 알아주지 않고 가르쳐주지도 않을 때 아이는 어떨까요.

불안한 마음을 혼자 다스리기 위해 여러 가지 이상 행동을 하게 됩니다. 세탁기가 돌아가는 소리, 압력솥에서 나는 소리, 밖에서 들리는 사이렌 소리 이 모든 것들이 불안해서 달려갑니다. 루틴이 된 행동들을 한번이라도 하지 않으면 불안해서 견딜 수가 없습니다.

이러한 제이의 불안한 마음에 엄마의 사랑이 새겨졌습니다. 아이주도놀이를 통해 존중과 사랑이 새겨지고, 자신감과 성취감도 맛보면서, 아이는 안정감을 찾았습니다.

엄마와의 대화도 영혼없는 단답형에서 벗어나 주고받는 핑퐁 대화가 가능해졌습니다. 마음이 여유로와지면서 이유없는 분노도 사라졌습니다. 누군가를 혼내던 말투도 없어졌습니다. 새 옷으로 잘 갈아입고, 사이렌 소리가 들려도 잠시 긴장했다가 금방 다시 놀이로 돌아가는 모습도 보였습니다.

제이는 놀이를 통해 엄마와의 애착을 회복했습니다. 엄마가 자신을 사랑하고 있다는 것을 느꼈습니다. 엄마가 모든 말을 받아주고 인정하고 존중해 주니 안전하게 느껴졌습니다. 불안감을 떨쳐낼 수 있었습니다. 그동안 불안을 해소하기 위한 강박적 행동들도 자연스럽게 사라졌습니다.

요구가 많은 아이는 사랑받고 싶은 것이다

"참 알 수가 없어요. 아이가 해달라는 거 다 해주고, 모든 걸 맞춰주는데 왜 수시로 짜증을 내는지 모르겠어요."

4세 리아의 엄마는 지쳐 보였고, 헤쳐나올 길 없는 미로에 빠진 듯한 표정이었습니다.

아침에 눈을 뜨는 순간부터 리아의 끝없는 요구가 시작되었습니다. 침대에서 일어나지도 않은 채 엄마를 불렀고, 조금이라도 늦게 반응하면 짜증 섞인 울음을 터뜨렸습니다. 아무리 달래도 듣지 않고, 울음은 1시간을 넘기며 이어지곤 했습니다.

둘째 아이가 생후 6개월인지라 엄마는 리아의 요구를 온전히 들어줄 수 없었습니다. 그때마다 리아의 짜증은 여지없이 폭발했습니다.

그러다 보니 엄마의 감정도 춤을 추었습니다. 가능한 아이의 기분을 맞춰주려고 합니다. 그러나 끝없이 계속되는 실랑이 속에서 엄마도 결국 소리를 지르고, 화를 내고 맙니다.

엄마의 의문은 또 있었습니다.

"어린이집에서는 너무 잘한대요. 할머니 할아버지 앞에서도 그렇고요. 왜 저하고 있을 때만 짜증과 떼가 심할까요?"

주변에서는 엄마가 아이에게 너무 잘해줘 그렇다고 말했습니다. 엄하고 무섭게 대하라고 조언했습니다.

과연 그럴까요?

아이의 끝없는 요구와 짜증은 채워지지 않는 애정에 대한 갈망입니다.

부모는 물론이고 주변 사람들의 반응에 유독 민감한 아이가 있습니다. 민감하기 때문에 사랑을 받고 싶은 욕구도 더 크고, 채워지지 못했을 때 상처도 많이 받습니다.

엄마는 리아의 요구를 들어주고 열심히 놀아줍니다. 그러나 리아는 만족스럽지 않습니다. 사람들의 반응에 민감한 아이였기 때문에 엄마의 사랑에 대한 갈망도 컸습니다. 엄마의 사랑이 늘 부족한데 동생이 태어나니 엄마의 사랑을 빼앗긴 것 같아 속이 상합니다. 그럴수록 더욱 엄마에게 매달리며 요구하는 것입니다.

지친 엄마의 감정 폭발은 리아에게 상처를 줍니다. 사랑받지 못한다는 감정을 확인시켜주는 셈입니다. 리아는 더욱 집요한 울음으로 감정을 드러냅니다. 악순환이 계속되는 것입니다.

리아 엄마는 어떻게 아이의 애정 욕구를 채워줄 수 있을까요?

어느 엄마라도 아이의 욕구를 다 채워줄 수는 없습니다. 모든 욕구를 들어줘서도 안 됩니다. 채워도 채워도 끝이 없는 게 바로 욕구이기 때문입니다.

흔히 엄마가 오해하는 것이 있습니다. 일반적 욕구와 정서적 욕구를 하나로 생각하는 것입니다.

가지고 싶은 것, 먹고 싶은 것, 갖고 싶은 것 등은 일반적 욕구입니다. 정서적 욕구는 사랑받고 싶은 감정입니다.

저는 위에서 '애정 욕구'라고 말했습니다. 애정 욕구는 정서적인 욕구입니다. 아이가 가지고 싶은 것, 하고 싶은 것, 먹고 싶은 것과는 다릅니다. 사랑받고 싶은 욕구입니다.

일반적 욕구를 제한하면서도 정서적 욕구는 채워줄 수 있습니다. 아니, 그렇게 해야만 합니다.

정서적 욕구는 정서로 채워줘야 합니다. 맛있는 것을 사주고, 갖고 싶다는 장난감을 사줘도 아이의 정서적 욕구는 채워지지 않습니다. 아이가 해달라는 거 다 해줘도 혼내고 소리치고 비난하는 말을 하면 아이는 애정 결핍에 시달립니다.

반대로 정서적 욕구를 채워주면, 요구를 거절해도 아이는 상처받지 않습니다. 엄마의 기다려달라는 말에 떼쓰지 않고 충분히 기다릴 수 있습니다. 충족된 정서적 욕구로 엄마를 신뢰하고 사랑하기 때문입니다.

비슷한 경우가 청소년기 아이에게서도 보였습니다.

중학교 1학년인 은서는 한 달 전부터 방에 혼자 있으면 무섭다고 하고, 눈물을 자주 흘린다고 합니다. 심리검사 결과 은서는 우울과 불안, 강박에서 높은 점수를 나타냈습니다.

은서가 어떤 아이인지 묻자, 엄마는 요구하는 게 많다고 말했습니다. 사달라고 하는 게 너무 많고 사줄 때까지 집요하게 보챈답니다. 그럴 때마다 과연 사주는 게 맞는 것인지 물었습니다.

은서 부모는 맞벌이 부부였습니다. 사회적 활동이 활발하다 보니 퇴근 후에도 어린 은서를 할머니에게 맡기고 외출하는 일이 잦았습니다. 은서와 나누는 대화는 스케줄을 챙기는 정도였고, 정서적 부분을 돌봐주지는 못했습니다.

은서의 끝없는 요구는 부모님과 소통하는 도구였던 셈입니다. 물건을 사달라는 요구로 부모에게 말을 걸고, 부모가 원하는 걸 사줄 때 비로소 애정을 확인받았습니다. 그러나 정서적인 욕구는 물건을 통해 채워질 수 없는 법. 은서가 심한 우울과 불안 증세를 보였던 이유입니다.

정서적 욕구는 어떻게 채울 수 있을까요?

부모와 자녀의 올바른 상호작용을 통해 가능합니다.

부모의 일방적인 지시와 명령과 훈계는 정서적인 욕구를 채우지 못합니다. 아이를 존중하는 상호작용이 필요합니다.

아이가 하는 말을 '그렇구나'로 반응하고 인정하는 언어 반영이 첫걸음입니다.

흔히들 부모는 해결책을 제시하고 할 일을 지시하는 말을 먼저 합니다. 그러나 부모가 하고 싶은 말을 하기 전, 먼저 아이가 하는 말을 반영해 줍니다. 이때 아이는 정서적으로 인정받고 존중받는 느낌을 받습니다. 엄마가 내 말을 들어준다는 느낌, 내 말에 찬성한다는 느낌, 있는 그대로 나를 인정해 주는 느낌을 받습니다.

구체적인 칭찬은 아이의 정서적인 욕구를 채워줍니다. 사랑받고 싶은 욕구를 만족시킵니다. 엄마가 자신을 잘했다고 칭찬하고 인정한다는 사실이 기쁘고 즐겁습니다. 자존감이 올라가고 자신감도 생깁니다. 부모에게 협조하고 싶어지니 좋은 관계가 형성됩니다.

앞의 사례에서 떼쟁이 리아는 행복한 아이가 되었습니다. 엄마와 아빠가 올바른 상호작용으로 리아의 정서적인 욕구를 채워주었기 때문입니다. 아침마다 반복되던 전쟁 같은 하루가 편안해졌습니다. 동생을 시기하는 행동도 없어졌습니다.

"요즘은 리아가 너무 사랑스러워요."

엄마에게서 지친 기색이 보이지 않았습니다. 미로에 빠진 듯한 표정도 사라졌습니다. 아빠는 이제야 가정이 평화로와졌다고 말했습니다.

나이가 어린 아이들은 부모의 올바른 상호작용으로 쉽게 변화됩니다. 청소년의 자녀들은 좀더 많은 시간과 노력이 필요합니다.

은서 엄마도 비로소 은서의 정서적 필요를 알게 되었습니다. 함께 필라테스를 시작했다고 합니다. 쇼핑도 함께 다니고 손톱 네일 도구를 사서 서로 붙여주었다고 했습니다. 그것만으로도 아이는 회복되고 있었습니다.

아이의 요구가 지나치게 많다면, 정서적 욕구를 살펴봐야 합니다. 아이가 정말 원하는 것은 일반적 욕구가 아니라, 부모와의 정서적인 친밀감일 수 있습니다. 정서적 욕구를 채워달라고, 아이가 부모에게 애원하고 있는 것일지도 모릅니다.

눈맞춤 안 되는 아이가 다 자폐는 아니다

눈맞춤이 안 되는 아이는 일단 자폐를 의심하게 됩니다. 그러나 자폐의 스펙트럼은 매우 넓기 때문에 한 가지만으로 단정할 수 없습니다. 특히, 자폐로 인한 눈맞춤과 양육자와의 심리적 거리감에서 비롯된 눈맞춤 외면은 차이가 있습니다.

눈맞춤이 안 된다며 필자를 찾아온 많은 경우가 사실은 심리적 거리감 때문이었습니다. 대부분 아이주도놀이를 통해 수정이 되었습니다.

"아이가 눈을 마주치지 않아요. 불러도 쳐다보지 않고, 엄마 눈을 보라고 해도 보지 않아요."

엄마의 말대로, 5세 연우는 눈맞춤에 문제가 있었습니다. 엄마가 말해도 못 들은 척 시선을 돌렸습니다. 그럴수록 엄마는 애가 탔습니다.

엄마는 아이를 붙잡고 "엄마 봐바, 엄마 눈 봐"라고 말했습니다. 연우는 번번이 눈을 피하고 엄마의 품에서 빠져나가려 했습니다.

연우는 자폐도, 유사 자폐도, 아스퍼거증후군도 아니었습니다. 그저 심리적 이유로 몇몇 이상 행동을 보이는 것이었습니다.

먼저 엄마에게 강요하지 말 것을 코칭했습니다.

"아이에게 엄마 눈을 보라고 말씀하지 마세요. 엄마와 애착이 형성되면 자연스럽게 해결됩니다."

과연 예상대로였습니다. 아이주도 상호작용을 하면서 연우는 자연스럽게 엄마와 눈을 맞추기 시작했습니다. 엄마에게 질문도 많아지고, 요구도 많아졌습니다.

그동안 연우는 엄마와의 눈맞춤이 안 되었던 게 아닙니다. 단지 엄마의 눈을 피했던 것입니다.

왜 그랬을까요?

직장생활에 너무 바빴던 엄마 아빠와 애착이 형성되지 못한 것입니다.

회사에 속한 어린이집에 연우를 맡겼다가 퇴근에 맞춰 집으로 데리고 오면 거의 8시였습니다. 아이와 좋은 관계를 형성할 시간적, 정신적 여유가 없었습니다. 집에 돌아와서는 의무적인 상호작용만을 했을 뿐이니, 연우로선 엄마 아빠가 멀고 무서운 존재였던 것입니다.

아이주도놀이를 통해 연우는 엄마 아빠와 새로운 상호작용을 시작했습니다. 엄마와 아빠가 연우의 말을 반영해주고 구체적인 칭찬을 해주기 시작하니, 연우는 빠르게 밝아졌습니다. 엄마 아빠가 자신을 받아주고, 사랑하고 있다는 것을 본능적으로 알아차린 것이었습니다. 당연히 부모와의 눈맞춤도 자연스러워졌습니다.

부모는 점점 더 연우의 요구가 많아져 힘들다고 호소했습니다.

그렇습니다. 아이주도놀이를 시작하면 아이는 요구가 많아집니다. 짜증이 심해지기도 합니다.

많은 부모들이 걱정을 하지만 이것은 좋은 신호입니다. 무서웠던 엄마 아빠가 자신을 받아주니 그동안 억눌렀던 감정들을 발산하는 것입니다. 아기처럼 떼도 쓰고, 말도 안 듣고, 짜증도 내는 것입니다. 이것은 아이 본연의 모습입니다. 숨기지 않고 감추지 않고 하고 싶은 대로 하는 것입니다. 이제는 하고 싶은 대로 해도 엄마가 받아줄 것 같은 확신이 들었다는 의미입니다.

당장은 충분히 받아줘야 합니다. 참을성을 발휘하며 기다려야 합니다. 그동안 발산하지 못했던 욕구를 충분히 충족하고 나면, 아이는 저절로 부모에게 협조하게 됩니다.

또한 통제 안 되는 행동은 훈육의 단계로 넘어가면 쉽게 조절할 수 있습니다. 애착이 충분히 형성되어야 훈육도 가능해집니다.

아이가 눈맞춤이 안 될 때, 심리적인 원인인지를 먼저 살펴봐야 합니다.

애착의 문제로 발생하는 눈맞춤 기피는 애착을 형성하는 아이주도놀이로 쉽게 회복될 수 있습니다.

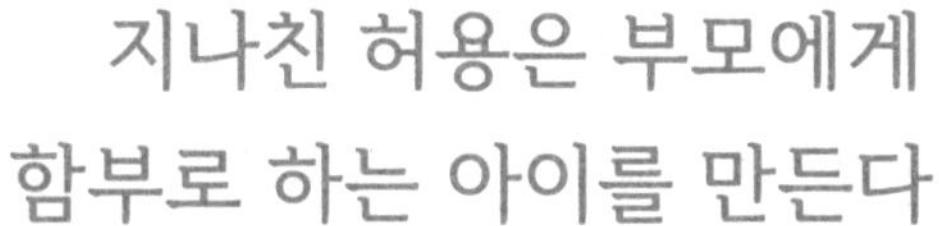

지나친 허용은 부모에게 함부로 하는 아이를 만든다

무서운 부모는 아이를 위축되게 합니다. 아이는 부모뿐 아니라 세상이 다 두려워집니다. 눈치를 보고 자신감 있게 행동하지 못합니다. 자기 본연의 모습을 숨긴 채 부모에게 맞추려드니 여러 가지 부작용이 나타납니다.

여기서 무서운 부모와 훈육하는 부모를 혼동하면 안 됩니다.

무서운 부모는 자신의 감정대로 아이를 혼내고, 소리치며 공포스럽게 하는 경우입니다.

그렇다면 허용적인 부모는 문제가 없을까요? 아이의 모든 요구를 다 들어주는 부모도 좋은 부모는 아닙니다.

요즘은 지나치게 허용적인 부모님들을 치료 현장에서 자주 보게 됩니다. 아이가 너무 사랑스러워서, 모든 행위를 다 수용하는 것입니다.

아이의 눈에 글썽이는 눈물만 봐도 마음이 아프고, 아이가 감정이 상해서 평소와 다른 표정을 지으면 가슴이 쓰립니다. 그래서 서둘러 아이의 마음을 풀어주고 달래줍니다. 차라리 그런 상황을 만들지 않으려고 아이의 요구대로 다 들어줍니다.

진우는 허용적인 환경에서 성장하고 있습니다. 엄마 아빠는 진우 위주로, 진우에게 관심과 사랑을 듬뿍 주고 있습니다.

진우는 밝고 명랑합니다. 하고 싶은 말을 마음껏, 거침없이 잘합니다. 또래에 비해 지식도 풍부하고, 학습 몰입도 역시 뛰어납니다. 하지만 종종 버릇없는 모습을 보입니다. 특히 아빠에게.

아빠는 열정적이며 성취지향적인 기질의 소유자입니다. 사회적 민감성이 낮아 타인의 감정 따위는 별로 관심이 없습니다. 그럼에도 진우에게는 섬세합니다. 진우의 모든 감정을 허용하는 태도입니다. 어떻게 그럴 수 있을까 궁금했습니다.

"욱, 하는 성격이어서 잘못하면 아이에게 상처를 줄까 봐, 아이에게는 무조건 허용하려고 합니다."

훌륭한 태도입니다. 본인의 단점이 아이에게 나쁜 영향을 미칠 듯해, 아이 앞에서 자신의 감정을 다스리고 있는 것입니다.

그런데 이상합니다. 아빠는 아이를 그렇게 떠받드는데, 아이는 아빠를 그다지 좋아하지 않는 듯합니다. 엄마와 함께 있는 자리에서 아빠를 밀어냅니다. 감정이 상하면 엄마에게는 그러지 않는데 아빠에게는 더 많이 화를 냅니다. 더 짜증을 내고, 더 심하게 떼를 부립니다.

"이상해요. 제가 보기에는 세상에 둘도 없는 아빠인데, 아이는 자기 감정이 조금만 상하면 아빠에게 화풀이를 해요. 아빠를 때리기도 하고 꼬집어 뜯을 때도 있어요."

엄마의 말에, 아빠에게 묻습니다.

"그럴 때 아빠는 어떻게 하시나요?"

"가만히 있죠."

"아빠 기분은 어떠신가요?"

"아무렇지도 않아요."

아빠는 아이가 너무 예쁘니 어떤 행동을 해도 다 괜찮다고 덧붙입니다.

아빠 자신은 괜찮을 수 있습니다. 그러나 아이에게는 결코 괜찮을 수 없는 양육 태도입니다.

허용에도 절제와 한계가 있어야 합니다. 절제가 없는 허용은 아이에게 함부로 행동해도 된다는 것을 가르치는 셈입니다.

아빠의 지나친 허용이 아이에게 오히려 좋지 않은 영향을 끼치고 있는 것입니다. 아이의 성격 형성에 나쁜 요인으로 작용할 것이 분명합니다.

아빠는 지나친 허용의 부작용을 이해했고 태도를 바꾸기로 했습니다.

안 되는 건 안 된다고, 허용의 한계를 말하기 시작했습니다. 진우에게 지시도 내리고 아빠 말을 따른 것에 대해 칭찬도 해줬습니다.

그동안 아빠는 진우 앞에서 아무것도 모르는 듯 행동했고, 아이가 주로 가르쳐주는 입장이었습니다. 그때마다 아빠는 고맙다고 말했습니다. 아이의 기를 높여주기 위한 아빠의 작전이었습니다. 이러한 상황이 계속되자 진우는 평소에도 아빠를 가르치려 들었고, 자신이 지시하고 명령해도 된다고 생각했습니다. 자신이 아빠보다 위라고 생각했기에 아래인 아빠에게 함부로 대해도 된다고 여겼던 것입니다.

코칭에 맞춰, 아빠가 가르쳐주고 도와주는 입장으로 말하기 시작했습니다. 진우 앞에서 엄마가 아빠를 높여주고 칭찬하며 아빠의 위치를 바로잡으려 노력했습니다. 처음에는 아빠의 지시를 거부하던 진우도 점차 받아들였습니다.

이제 진우는 아빠를 밀어내지 않았습니다. 아빠에게 화풀이를 하거나 때리는 태도도 없어졌습니다. 지나치게 허용하던 때보다 한결 더 아빠와의 관계가 좋아졌습니다.

절제가 없는 허용은 아이에게 함부로 해도 된다는 것을 가르치는 것입니다. 그걸 경험한 아이는 절제되지 않는 욕구 때문에 점점 더 짜증스럽고 신경질적이며 제멋대로 굴게 됩니다. 부모의 적절하지 않은 반응이 아이들의 성품을 그렇게 만드는 것입니다.

어른들은 공부를 통해서 배우고, 책을 통해서 배우고, 설명을 들어서 배우기도 합니다.

아이는 부모의 반응을 통해 배웁니다. 부모의 설교와 훈계보다는 적절한 반응을 통해 옳고 그름을 감지합니다.

아빠를 때렸는데 받아주면, 아이는 생각합니다.

'아빠를 때려도 괜찮은 거구나.'

때리는 걸 허용받은 아이는 할퀴고, 물어뜯습니다. 아빠가 가만히 있으면, 아이는 점점 더 강도 높은 행동을 하게 됩니다. 감정을 다스리지 못하게 되는 것이죠.

이건 사랑이 아닙니다. 아이를 망치는 결과를 가져올 수 있습니다. 아빠는 받아줄지 모르지만 세상은 절대로 받아줄 리 없으니까요.

훈육은 절제와 조절을 가르치는 것입니다.

무한한 사랑을 주어서 부모와 아이가 좋은 애착을 형성했다면, 다음 단계는 훈육으로 절제와 순종을 가르쳐야 합니다. 그래야 아이는 한계 안에서 안정감 있고 자유로운 아이가 됩니다. 예의 바르고 당당하며 자신감 있게 성장합니다.

애착과 훈육을 이루기 위한 기술은, 좋은 부모가 되기 위해 갖추어야 할 필수 과목입니다.

엄마를 때리고 욕하는 데까지 이르렀다면

출발은 쉬워도 점점 힘들어지는 육아 방법이 있고, 반대로 출발은 어렵지만 시간이 지날수록 쉬워지는 방법이 있습니다. 어떤 방법을 선택하시겠습니까?

후자겠죠.

그 두 방법을 가르는 기준은 감정에 있습니다.

감정대로 하는 육아, 감정대로 하지 않는 육아.

이 둘에 따라 육아의 길은 점점 험난할 수도, 쉽고 편할 수도 있습니다.

마음에 들지 않는 아이의 행동에 감정대로 대응하는 것.

참 쉽습니다.

비난하고, 소리 지르고, 화내고, 잔소리 하고….

즉각적으로 감정대로 말하고 행동하면 됩니다.

그러나 결과는 참담합니다. 점점 목소리는 커지고, 아이는 대항하고, 엄마의 말을 거부하고…. 육아는 날이 갈수록 힘들어집니다.

반대로, 아이의 행동에 감정대로 대응하지 않는 것.

어렵습니다. 바람직하지 않은 행동은 그냥 무시하고, 잘하는 행동을 찾아서 칭찬해 주고, 더 좋은 행동을 하도록 강화시켜 주고…. 이 모두 상당한 에너지가 필요합니다. 감정을 참고, 무엇이 좋은 방법일지 생각하고 행동해야 합니다.

그러나 결과는 찬란합니다. 점점 행복해지고 육아가 쉬워집니다.

아이가 엄마를 때리고 욕하는 지경까지 이르렀다면, 엄마는 쉬운 출발 방법을 선택했다는 말입니다. 본인의 감정대로 육아를 했다는 의미입니다.

아이는 엄마의 사랑을 받는데 필사적입니다. 자신의 생존이 엄마에게 달려 있다는 것을 본능적으로 압니다. 따라서 그 욕구가 좌절될 때, 다양한 방법으로 표현이 되는 것이죠.

만 6세 온유. 무척 영특해서 영재유치원에 다니고 있었습니다. 인지적인 능력이 뛰어났지만 정서적인 면에서는 결핍이 많았습니다. 특히 폭력성이 문제였죠.

온유는 특히 여동생에게 폭언과 폭력을 많이 썼습니다. 엄마에게도 마찬가지였습니다.

"저걸 왜 낳았어? 갖다 버려."

"재는 죽었으면 좋겠어."

온유의 도를 넘는 표현에 엄마는 가슴이 철렁 내려앉아 심하게 혼을 내곤 했습니다. 그때마다 온유는 동생에게 더 심한 말을 퍼부으며 때리고 밀며 공격을 해서 엄마는 작은 아이를 감싸며 분리시키느라 애를 먹었습니다.

화가 난 엄마와 폭력적인 온유의 대치는 점점 거칠어졌습니다. 온유는 엄마에게도 욕을 하기 시작하더니 결국 밀치고 때리는 행동으로까지 진전되었습니다. 엄마는 좌절과 상처로 만신창이가 된 상태였습니다.

온유의 부모는 맞벌이 부부였습니다. 친정에 닥친 경제적 사고를 돕는 바람에 부부는 더 열심히 일을 해야 했습니다. 아빠는 두 개의 직업을 소화했고, 엄마도 새벽 일찍 출근해 밤늦게까지 일에 매달려야 했습니다. 아이들을 외할머니 손에 맡길 수밖에 없었습니다.

여동생이 태어나고 온유의 정서적 결핍은 심해졌습니다. 할머니와 엄마가 여동생에게만 관심을 쏟는 것처럼 보이니 불같은 질투가 일어났을 겁니다. 참을 수 없는 분노로 여동생에게 해꼬지를 하면 또 비난이 돌아오니 온유는 더 화가 났을 테고요. 언어와 인지 능력이 높다 보니 거친 말도 빠르게 습득했고 나쁜 행동도 거침이 없었습니다. 놀란 엄마와 아빠는 온유의 행동을 지적하기 바빴고, 온유는 점점 더 거칠어지게 된 것입니다.

온유에게는 먼저 사랑이 필요했습니다. 부모님은 온유와 한 번도 놀아준 적이 없을 만큼 바쁜 일상이었습니다. 게다가 아빠는 무섭고 엄격해 이따끔씩 온유를 무섭게 혼을 냈습니다.

온유는 외롭고 쓸쓸했을 겁니다. 그 마음을 채워줄 수 있는 건 오직 부모의 사랑이었습니다.

엄마 아빠는 시간을 내서 온유와 놀아주기 시작했습니다. 처음에는 서로가 어색했습니다. 아빠와의 놀이에서는 아이의 긴장된 모습도 보였습니다. 힐끔힐끔 아빠의 눈치를 보기도 했습니다.

그러나 차츰 분위기는 부드러워졌습니다. 온유는 그 나이 또래의 장난끼 담긴 얼굴로 돌아왔습니다.

물론 순식간에 완벽하게 달라지진 않았습니다. 여동생을 향한 분노 감정은 약해졌을 뿐 여전히 남아 있었습니다. 엄마에게도 그랬습니다.

이번에는 엄마의 권위를 되찾기 위한 노력을 시작했습니다. 온유가 유독 엄마에게 험한 말과 행동을 하는 이유는 엄마의 권위를 상실한 때문이기도 했기 때문입니다.

온유에게 결핍되었던 사랑을 채워주고, 한편으로는 엄마의 권위를 느끼도록 해줘야 했습니다. 그래야 온유는 자신의 행동을 절제할 수 있게 됩니다.

아이와 맞서 싸우지 않는 것도 권위를 찾는 일입니다. 아이와 맞서 같이 화내고, 아이의 분노에 반응하는 것은 부모가 아이와 동등한 위치로 내려갔음을 의미합니다. 엄마는 아이를 혼내고 훈육하고 있다고 생각하지만 아이는 그렇게 느끼지 않습니다. 엄마와 자신이 또래처럼 같은 위치에서 싸우고 있다고 생각합니다.

부모는 아이의 나쁜 행동을 고쳐주어야 합니다. 그러나 감정으로 대응하면 훈육이 되지 못합니다. 부모의 권위를 세우지 못하는 결과를 가져옵니다.

아이의 나쁜 행동에는 침묵하기.

위험하거나 엄마를 때리는 행동은 단호하게 안 된다고 말하기.

좋은 행동에는 구체적으로 칭찬하기.

도움을 청하면 도와줄 수 있다는 것을 알리기.

엄마의 지시에 따랐을 때 칭찬하기.

이러한 방법을 통해 엄마의 권위를 찾도록 노력했습니다. 온유는 점차 엄마의 권위를 느끼며 변해갔습니다.

채워지지 않은 사랑의 결핍이 분노가 됩니다. 결핍이 해소되지 않으면 분노는 눈덩이처럼 커져 아이 스스로도 감당할 수 없을 지경이 됩니다.

유아기 분노 감정을 해결하지 못한 채 성장하여 부모의 영향력이 약해지는 시기에 이르면, 분노 감정을 바로잡기가 어려워집니다.

부모는 서둘러 사랑을 채워주고, 부모의 권위로 안전하게 아이에게 한계선을 그어줄 수 있어야 합니다. 사랑으로 애착을 이루고, 아이는 그 안에서 안정감을 느낄 수 있어야 합니다. 그럴 때 아이는 자기다움을 마음껏 발휘하며 건강하게 살아갈 수 있습니다.

Tip1 하루 5분만 놀아주세요! 『특별놀이』 방법

짧은 시간이어도 좋습니다.
매일이 중요합니다.
하루 5분씩 시간을 정해 아이와 놀이를 시작하세요.
아이주도놀이 기술을 사용해서 놀이하면 5분만으로도 충분한 놀이 효과를 줄 수 있습니다.

★특별놀이 세팅 방법

장소와 시간을 정합니다. (예: 저녁 식사 후, 거실에서)
특별놀이에 적당한 장난감 3~4 종류를 세팅하고, 아이가 선택해서 놀도록 합니다.
특별놀이 시작과 끝을 아이에게 알립니다. (계속 놀고 싶어할 때도 특별놀이가 끝났지만 더 놀 수는 있다고 말해줍니다)

★특별놀이에 적당하지 않은 장난감

거친 행동을 유발하는 장난감: 방망이, 공, 권투장갑
공격적인 행동을 유발하는 장난감: 장난감 총, 칼, 로봇
규칙이 정해져 있는 장난감: 보드게임, 카드게임
대화를 방해하는 장난감: 책, 비디오게임

★특별놀이에서 사용하는 장난감

창의적이고 건설적인 장난감: 레고, 인형놀이, 만들기 세트, 농장 꾸미기, 집 꾸미기, 자석블록, 기차놀이 세트, 색칠하기 등

Tip2 문제 행동을 수정할 때는 반대 행동에 구체적 칭찬

문제 행동	반대 행동	구체적 칭찬
거실에서 뛴다.	걸어다닌다.	얌전하게 걸어서 잘했어.
장난감을 빼앗는다.	가져가도 되는지 물어본다.	공손하게 잘 물어봐줬어.
큰 소리를 낸다.	작은 소리로 말한다.	예쁜 목소리로 말하니까 너무 좋다.
못 들은 척한다.	엄마의 말에 대답한다.	엄마가 말했는데 잘 대답해줬다.
장난감을 던진다.	얌전히 가지고 논다.	장난감을 조심조심 잘 다뤄주는구나.
욕을 하거나 나쁜 말을 한다.	공손하게 말한다.	예쁜 말을 잘 사용하는구나.
짜증을 내거나 징징거린다.	짜증내지 않고 평범하게 말한다.	예쁘게 잘 말하니까 엄마 귀에 더 잘 들리네.
말을 듣지 않는다.	엄마의 지시에 따른다.	엄마 말을 따라줘서 고마워.

PCIT 아이주도놀이

2024년 8월 20일 1판 2쇄 발행

지은이 김진미
펴낸이 조금현
펴낸곳 도서출판 산지
전화 02-6954-1272
팩스 0504-134-1294
이메일 sanjibook@hanmail.net
등록번호 제309-251002018000148호

ISBN 979-11-91714-44-9 03590